光尘

LUXOPUS

茁壮成长

Michele Borba,Ed.D.
[美] 米歇尔·博芭◎著
张焕香 刘一欣◎译

Thrivers

The Surprising Reasons Why Some Kids Struggle and Others Shine

北京联合出版公司
Beijing United Publishing Co.,Ltd.

图书在版编目（CIP）数据

茁壮成长 /（美）米歇尔·博芭著；张焕香，刘一欣. -- 北京：北京联合出版公司，2022. 10
ISBN 978-7-5596-6418-1

Ⅰ. ①茁… Ⅱ. ①米… ②张… ③刘… Ⅲ. ①成功心理—青少年读物 Ⅳ. ① B848.4-49

中国版本图书馆 CIP 数据核字（2022）第 158315 号

北京市版权局著作权合同登记号　图字：01-2022-4227 号

茁壮成长

著　　者：[美]米歇尔·博芭
译　　者：张焕香　刘一欣
出 品 人：赵红仕
策划编辑：鲍洁新
责任编辑：夏应鹏
营销编辑：谢寒霜
装帧设计：胡椒设计
出版统筹：慕云五　马海宽

北京联合出版公司出版
（北京市西城区德外大街 83 号楼 9 层　100088）
北京联合天畅文化传播公司发行
文畅阁印刷有限公司印刷　新华书店经销
字数 188 千字　880 毫米 ×1230 毫米　1/32　印张 10
2022 年 10 月第 1 版　2022 年 10 月第 1 次印刷
ISBN 978-7-5596-6418-1
定价：59.00 元

目 录

第三部分 培养意志

性格决定命运。

——赫拉克利特（公元前 535 ～前 475 年，希腊雅典）

引 言

精疲力竭：我们培养的是一代竞争者，而不是有生命力的孩子

我们接受的是应试者培养，而缺少的是如何做人的培养。

——亚伦，12 岁，洛杉矶

孩子们陷入了困境。

某个星期日晚上 7 点，我与 16 岁的伊娃通电话时，明白了一个简单却可怕的事实。她听起来压力很大，于是我问她能否换个时间聊聊。

“没有时间，我的日程总是排得满满的，”她说，“我也很想和你聊聊现在青少年的状况呢。”

伊娃看起来不像是我们大多数人会担心的孩子。她住在加利福尼亚州纽波特海滩附近的一个富人区，就读于一所高档私立学

校。她知道自己享有特权。她的梦想是去一所拥有一流女子游泳队的顶尖大学读书。

为了实现这个梦想，伊娃每天早上 4 点起床，5 点开始游泳训练，然后去学校上学。她是一名优等生，平均绩点为 4.3，修了 4 门 AP 课程①，还取得了法语三级和物理优等的成绩。放学后，她在游泳队训练 2 个小时，每周参加一次校报和学生会的工作。下午 6：30 回到家，简单地吃顿晚餐，然后用 3 ~ 4 个小时完成家庭作业，之后做 30 分钟的 SAT② 考试练习题。

“我上次考了 1450 分，至少还得提高 100 分才有机会进入我梦想的大学。”她说。她终于在午夜时分上床睡觉了。

我听着都觉得累。伊娃平均每晚睡 5 个小时，她长期处于睡眠不足的状态。

“你平时有什么娱乐活动？”我问道。

“我大部分时间都很疲惫，所以我和朋友都是在社交媒体上联系的。”她笑了起来，“我知道我很幸运能上一所好学校，父母也很爱我，但我担心如果我上不了斯坦福大学，会让他们失望——他们都希望我能上。”这位少女承认，不止她是这样的

① AP（Advanced Placement）课程是美国大学预修课程，是高中阶段开设的具有大学水平的课程，主要适合计划在美国就读本科的高中生学习。

② SAT 也称“美国高考”，其成绩是高中毕业生申请美国高等教育院校入学资格及奖学金的重要学术能力参考指标，总分 1600 分。

情况。

“我所有的朋友都压力重重，不知所措，我们都精疲力竭。”

欢迎来到“精疲力竭”的一代。伊娃这一代人（20 世纪 90 年代中期以后出生的人）聪明伶俐，讨人喜爱，包容开放。他们受过良好的教育，对大学和未来抱有很大的期望。“我们是第一代可以选择玩具娃娃的人，这些娃娃可以是男孩或女孩，或者都不是，或者两者都是，”伊娃指出，“这是好事，对吧？”

但是与前几代人相比，他们并不快乐，压力更大，更加孤独、沮丧，自杀倾向更高，而这些特点早在新冠肺炎疫情暴发并带来焦虑之前就已经很明显了。

每隔几个月，我都会给伊娃打电话询问情况，结果有一天，接电话的人变成了她妈妈，我很吃惊。从她妈妈的声音里，我听出事情有些不对劲。她哭着说，她女儿患上严重的抑郁症住院了。

“我没有意识到她有多么伤心，多么不知所措，”这位妈妈抽泣着说，“我以为我已经给了她所需的一切，以为她会快乐，她会成功，但我错了，我错过了让她享受生活的机会。”

我从很多父母那里听到过类似的令人心碎的故事，但这却总是发生在他们意识到自己的孩子过得不好时。为什么这些孩子似乎拥有那么多，却还如此艰难地挣扎呢？为什么这一代人努力奋斗却未能茁壮成长？我决定深入挖掘背后的原因。

奋斗的一代

我们已经做好了上大学和工作的准备，但肯定还没有做好“做人”的准备。

——艾琳，16 岁，格里尔市

几天后，我穿越了半个美国，来到波士顿的一所中产阶级中学。保安带我到图书馆，那里有 12 个中学生正在等着和我分享他们对当今孩子的看法。所有的学生都是由辅导员按照我的标准挑选出来的：多元化、表达能力强、关注社会现象。这已经是我组织的第 25 个学生小组，我知道他们会说些什么，但我仍然很想听听他们会告诉我什么。他们是独特的一代，经历着疫情、校园枪击事件、恐怖主义和自然灾害，同时面临着前所未有的取得成功的巨大压力。

“和我说说你们这一代人吧。”我说道。

面前这群学生使我看到了一直以来所看到的：一群有思想、很真诚的孩子。坦率地说，有人想听听他们的意见，他们感到很惊讶。

一个名叫阿梅莉亚的 12 岁金发女孩首先分享了自己的看法：“我们绝对是压力最大的一代，而且我们的压力只会越来越大。”所有的孩子都表示赞同。

“父母知道你们的压力有多大吗？”

孩子们都摇摇头。“我们没有表现出焦虑，”一个穿着耐克衬衫的棕发男孩解释说，“告诉父母没有用，因为他们不了解孩子的感受。”

随后我让11岁、12岁和13岁的孩子讲讲他们这个年龄的情况。听了他们的讲述，我知道是时候改变我们的育儿方式了。

“我认识的每个朋友都说他们有压力。”

“我们很孤独，因为我们沉迷于社交媒体，缺少面对面的交流。”

“我们这一代人总是想把每件事都做得尽善尽美，所以疲惫不堪。”

“我们总是相互攀比，所以永远感觉自己还不够好。”

“我们害怕失败，因为成绩太重要了，所以总是有压力。”

“我们的日程排得满满的，我们生活在社会里，却没有时间交朋友，也很孤独。”

“我们被迫快速成长，我们需要更多时间去做一个孩子，去交朋友。”

“我们缺乏激情，因为一切都是强加在我们身上的，我们都不知道自己是谁。”

“我们这一代人从幼儿园开始就进行封锁演习，时间长了都很烦。之后又因为新冠肺炎疫情居家隔离。太可怕了。”

“我们可能从外表看还不错，内心则不然。我们有些迷茫了。”

我访谈的每个学生群体，无论来自何方，都有着类似的观点。这些孩子深受大家喜爱：热情、聪明、机会无限。他们的父母认为他们已经拥有了一切，并且正在为他们未来的成功做准备。可是为什么这些孩子不如过去的孩子快乐呢？他们为什么会苦苦挣扎？下面是一个孩子给出的最佳答案。

旁边的桌子上放着一个未拼完的木制拼图。盒盖上的画面是来自不同国家的孩子在一起玩耍的场景，但有几块碎片不见了。一个名叫艾登的红发男孩一直盯着拼图，他说：“这个拼图就是我们自己，我们努力融入这个世界，但却做不到，因为我们缺些东西。”

“你们缺什么呢？”我问。

“缺少如何做人的部分，比如人与人该如何相处，怎么样处理错误，如何应对压力，等等。这些部分塑造了我们的性格，使我们成为真正的人，我们却被当作产品来培养，我们感到空虚。”

突然间，为什么这一代人感到如此不快乐、不知所措、压力很大和备感孤独的问题有了完美的答案。我们告诉孩子们，如果他们努力争取得到更多——更多人的喜爱、更好的成绩、更高的荣誉——他们会很快乐。但是这些年轻的奋斗者并不快乐，更重要的是，他们并没有茁壮成长，他们发育不良，感到焦虑、低落。我们培养的这一代孩子似乎拥有了更多东西，但我们忘记给予他们成功最需要的东西：做人的精神和道德品质。

性格能够构筑内在的力量，造就真诚的品格，塑造完整的人格。性格可以帮助努力奋斗的孩子们成长为在快速发展、不断变化的世界中茁壮成长的年轻人。如果孩子们缺少诸如乐观、好奇、同理心和坚毅等性格优势，他们便不能全面发展，走出学校和课堂这个狭隘的范围，他们依旧无法成功。他们还没有准备好迎接未来不确定的世界——一年比一年更难以预测的世界。简而言之，他们就像包装精美的礼盒，里面却空无一物。

现在填补孩子成长中缺失的部分还为时不晚，但这需要我们转变态度，不再目光短浅地痴迷分数、成绩和丰厚的简历，而是深谋远虑地专注于孩子们过上有意义的生活所需的一切。目前，我们聪明、可爱、优秀的应试者无法驾驭生活，在他们成长的过程中，性格优势的缺失使他们无法茁壮成长。性格培养就是缺失的那块拼图碎片。

但好消息是现在还为时不晚。性格不是天生的，不是与生俱来的，性格优势是可以后天培养的。

这本书将告诉父母和教育者，如何才能填补缺失的性格碎片，培养出性格坚强、适应力强、内心强大、思想和意志坚定的孩子。我所说的茁壮成长者指的是一个有个性的孩子——一个做好准备迎接21世纪挑战的人。但首先，我说说为什么情势如此急迫，以及为什么我们所有人都需要予以关注。

为什么我们会担心

> 患抑郁症和焦虑症的人数量惊人。我有70%的朋友都在接受治疗，40%的朋友在服药。我们很受伤，但在又一个孩子自杀前，没有人采取任何行动。
>
> ——艾娃，15岁，绿湾

我做了40多年的教育顾问，同美国和世界各地数以百计的家长、教师和儿童打过交道，他们之中有的贫穷，有的富裕。我虽目睹了育儿潮流的不断变化，但我从未像现在这样关心孩子。我急于写下此书，源于一位心慌意乱的母亲发来的一封电子邮件，她希望为她所在的社区寻求帮助。

> 在两年半的时间里，我们这儿方圆20英里（约32千米）的范围内有40个孩子死于自杀。这些孩子大多数是白人、男孩，家庭富裕，成绩优异，他们没有服毒自杀，而是选择了自缢。大多数孩子看起来就和你我的孩子一样，没有差别。最近自杀的7个是女孩，其中2个是开枪自尽。

随后的一周，一位高中辅导员与我联系，提出了类似的请求。

> 我们社区正处于危机中，因为我们生活在自杀事件频发地带，而且治疗师极其匮乏。我们不知是什么原因，但我们的孩子出了大问题。

每个星期，教育工作者都表达类似的担忧。

> 孩子们发生了一些变化。
> 他们似乎不知所措，焦虑不安。
> 他们备受煎熬。

他们也担心年龄较小的学生。

> 我们三年级学生注意力不集中，还容易生气。
> 一年级学生难以应付各种事情。
> 5 岁的孩子担心失败。

我受邀在加利福尼亚州帕洛阿尔托市做了一次演讲，那里距我成长的地方只有 20 分钟的路程。我在这次演讲中指出，如今的孩子已经陷入危机。在许多青少年卧轨自杀后，家长们志愿开展了“监测铁轨”行动。该地区两所优质高中近 10 年的自杀率是全国平均水平的 4 ~ 5 倍。但心理健康问题并不局限于旧金山湾区，在过去 10 年里，美国各地的报告显示，与上一代人相比，当今青少年和年轻人的抑郁程度和遭受心理困扰的程度更高。去当地高中的卫生间看看，你会发现专为学生张贴的自杀干预热线号码。

青少年证实，他们已经精疲力竭，也为自己和同龄人的身心健康而担忧。萨拉是一个聪明的红发女孩，今年 15 岁，来自得克萨斯州奥斯汀市，她总结了我经常听到的情况：“我脑子里一团糟，但在我认识的人中就没有谁对自己感觉满意的。无论你多么努力，你总是觉得自己不够好。”

杰克是一名来自匹兹堡的青少年，他说他刚刚被耶鲁大学录取，但仍然感到空虚。“高中就是不停地学习、考试、填写申请以及永无止境的担心，连喘口气的时间都没有。”

乔希是一名来自威斯康星州的初三学生，有音乐天赋，平均绩点为 4.3，他说：“我们每天都被安排得满满当当——学校的事、SAT 备考、学习和活动等等，永远没时间给自己充充电，比如和朋友一起听听音乐，我们已经精疲力竭了。”精疲力竭，可他们的生活才刚刚开始。

我倒希望告诉孩子们一件重要的事：成绩并不重要。

好吧，也许这有点夸张。当然，成绩确实重要，成绩好可以获得奖学金，被顶级大学录取，或者找到份好工作。

但是，我说“成绩并不重要”的意思是，虽然成绩的竞争比以往任何时候都更加激烈，但是成绩并不是衡量成功的唯一标准。如今的大学录取过程耗时耗力，让人抓狂。即使青少年收到了梦寐以求的大学录取通知书，他们仍然得不到解脱，焦虑、孤独和空虚感依旧存在，而且在大多情况下，这种感觉还会增强。据《纽约时报》报道，在 1985 年，有 18% 的大学新生说，他们“对必须要做的事感到不知所措”，到 2018 年，这个数字已经飙升到 41%。去年，1/4 的大学生被诊断出患有精神疾病或接受过精神治疗；接受调查的学生中，有 1/5 的人曾想过自杀，高校对此深感担忧。

我们培养的这一代孩子，非常善于追求成功。他们努力实现目标，努力学习，努力工作；他们也充满了焦虑，给自己施加了巨大的压力。他们是奋斗者，无论他们做什么，无论他们多努力，他们都会觉得“不够好”。面临挑战时，他们往往会放弃，因为他们缺乏内在的储备和准备，而这些储备和准备正是帮助他们迎接挑战的内在力量源泉。

去年，我为 2500 名大学辅导员做了一次主题演讲，他们证实，心理健康问题的确在蔓延。普林斯顿大学的一位辅导员告诉我：“学生们都非常聪明，但也很孤独。他们缺失了某些东西。”

哈佛大学的一位辅导员补充道："他们好像没有灵魂。"斯坦福大学的一位心理学家总结了大家的感受："他们很空虚，这对美国来说是很悲哀的。"确实如此。

有 1/3 的大学生在大一结束就辍学了。如今，美国是工业化国家中大学辍学率最高的国家，"压力，无法满足期望，以及家长形影不离的百般呵护"被认为是主要原因。

也许我们应该告诉孩子们，不是成绩不重要，而是成绩不是唯一重要的东西。这种教育的缺失对孩子来说极不公平。

让精疲力竭的孩子焕发生命力

> 我们在竞争激烈、学术严谨的环境中成长，这种环境滋生压力，使我们不断攀比。我们感觉自己是被当成分数而不是孩子来培养。我们精疲力竭了。
>
> ——加比，17 岁，芝加哥

帮助孩子们茁壮成长是我毕生的工作。我的职业生涯起始于加利福尼亚州北部，当时我教育的是问题青年。我的学生大多数生活贫困，受过虐待，或有学习障碍、情绪障碍，或身体有残疾，我一直在想怎么做才能帮助他们成功。我攻读了教育心理学和教育咨询的博士学位，研究适应力，读博期间也学到了一条重要的经验：茁壮成长者不是天生的。很显然，孩子们需要在安全、充满爱和精心安排的环境中度过童年，但他们也需要发挥自主权、自身的能力和主观能动性才能茁壮成长。茁壮成长离不开后天获得的种种技能。我想方设法把这些技能传授给我的学生，发现他们不仅学习成绩提高了，而且行为和信心也改善与提升了，也比以前更乐观了。

接下来的几年里，我先培训了教育工作者、心理学家和辅导员，他们来自中小学校、教育部门、创伤中心、寄养组织、大学和 18 个陆军基地，后来又培训了来自美国其他 16 个国家 48 个州的数百名父母。我永远不会忘记来自开罗的一位父亲这样向我表达感谢：“我一直认为养育孩子就像是担任食物链中的一环，需要做的基本上就是给孩子提供营养和保护，我不知道我其实可以帮助他更加成功、更有能力。”我认识到，孩子无法茁壮成长的情况不再局限于低收入人群或有特殊需求的人群。无论是贫困还是富裕家庭里的孩子都很难茁壮成长，但在富裕社区长大的孩子尤其容易感受到巨大压力、孤独、抑郁和空虚。

亚利桑那州立大学心理学教授苏妮娅·卢塔尔发现，与其他社会经济群体中的年轻人相比，美国中上阶层家庭中的青少年更容易出现抑郁症、焦虑症和药物滥用的情况。“享有特权的年轻人比前几代人更容易受到伤害。”卢塔尔说道，“目前的证据说明只有一个原因：取得卓越成就带来压力。”孩子们发现，他们不可能满足家长对成功的不切实际的期望，对此，家长必须承担责任。

孩子们精疲力竭和出现可怕的心理健康问题的根源是我们痴迷于发展孩子的认知能力。我们认为，掌握提高学业成绩的技能和学科是获得成功的不二法门。家长们耗时耗力提高孩子的智力发展水平，或许我们认为，往孩子的大脑里灌输的知识越多，他们就会越聪明，于是我们抚养孩子的角色就从“父母”（名词 parent）变成了“养育”（动词 parenting）。从孩子蹒跚学步开始，我们就像军队制订作战计划一般，为孩子的教育做好规划，并为他们的一举一动而烦恼，而且梦寐以求的奖品是孩子被大学录取，大学越有声望越好。我们所做的一切都是为了提高孩子的智商和刺激他们的认知发展，因为我们相信，这样做可以提高成绩、分数、排名和学位。我们是多么为孩子担忧啊！

在加利福尼亚州谢尔曼奥克斯地区，妈妈们和我分享了她们的担忧。她们担心一流的幼儿园不接收她们两岁的孩子。“不能进入一流的幼儿园，我孩子的教育生涯基本上就结束了。”其中一位妈妈说。一位来自博卡拉顿地区的辅导员告诉我，一位父亲带着他的孩子去参观哈佛大学。“教育得趁早。”这位家长解释道。那孩子当时才 5 岁。

帕迪维尔高中位于威斯康星州一个小型社区，学校的负责人格斯・克尼特告诉我，曾发表过毕业演说的三位毕业生都说，他们对高中的记忆就是学习和考试。（教育工作者正在调整学生在校时间，以腾出时间让学生进行更深层次的学习、开展项目研究以及和同学建立联系。）无论我走到哪里，父母和教育工作者都告诉我，孩子们已经精疲力竭了。在沙箱中自由玩耍、透过玻璃看云、放风筝，这些无忧无虑的日子已经不复存在，取而代之的是成年人主导的填鸭式教学、辅导和卡片记忆训练。在此过程中，我们毁了孩子们的童年，让他们感到疲惫不堪。

茁壮成长者觉得“我们有这个能力”：他们以自己的方式面对世界，因为他们知道他们可以控制自己的命运。因此，尽管面临挑战，他们仍不懈努力。遭遇挑战后，他们更可能振作起来，并充满信心地战胜逆境。奋斗者可能也有类似的希望和梦想，但缺乏内在的力量和“我能行”的心态，因此遇到障碍时，他们往往无法成功。但是，是什么原因使孩子成为奋斗者或茁壮成长者？我们目前已经有了答案，而且这个答案是有科学依据的。

50 多年前，加州大学戴维斯分校的心理学家埃米·沃纳开拓性地开展了一项长达 40 年的调查，调查对象是居住在夏威夷考爱岛上的数百名儿童。这些儿童中，近 1/3 出生在贫困家庭，或者面临着家庭不和、父母患有精神疾病、家庭有药物滥用史等问题。沃纳希望考察应激性生活事件对儿童从出生到 40 岁的发展所产生的影响。调查发现，2/3 的人出现了严重的问题，如行为问题、药物滥用和心理健康问题。但有人会茁壮成长吗？调查结果连沃纳都感到惊讶：有 1/3 的孩子克服困难，成长为有能力、有自信、有爱心的成年人，尽管身处逆境，他们仍然在学校和生活中茁壮成长。其他心理学家对经历过无家可归、虐待、恐怖主义、战争和贫困的儿童进行了开拓性的研究，他们也惊讶地发现，有相当多的儿童克服了心理创伤。事实上，许多儿童“在适应变化或自我发展面临严重威胁的情况下，仍然取得了令人惊讶的良好结果”，有些人甚至表现出“抗压能力”。他们就是茁壮成长者。但为什么他们可以做到？

沃纳进行了更深的研究，并更加密切关注那 1/3 的受调查者。她发现，高风险组的孩子们，尽管面临重重困难，但还是克服了困难。虽然孩子们遭受的创伤类型大不相同，但坚韧的孩子有两个明显的优势：一是至少与一个支持他的成年人保持紧密联系；二是具有一系列后天习得的特质，这些特质在童年时期起到了保护作用，帮助他们以自己的方式面对世界。“这些孩子不一定有天赋，考试成绩也不是特别突出，但他们有效地利用了所拥有的一切技能。”沃纳这样评价他们。也许最重要的是他们自己解决问题，不依赖他人，因此，他们的成就由自己塑造，而不是由环境造就。

有些孩子苦苦挣扎，而有些孩子却脱颖而出，这背后令人惊讶的原因不是基因、平均绩点、智商、特定的运动、运用的工具、学校类型或压力管理课程的不同，而是脱颖而出的孩子在成长过程中习得了一些性格优势，这些性格优势使他们的生活朝着积极的方向发展。这些个人特质和充满爱心的家长有助于帮助孩子缓解压力，这样孩子们可以平静且自信地继续追求梦想，战胜逆境，并最终取得胜利。然而，最重要的是，这些特质可以后天培养，从我们给孩子的共同资源和实践中获得。

运用韧性科学可以帮助所有孩子茁壮成长，这只需要我们改变心态，不再带着进行干预和“收拾孩子”的心态，而是教给他们保护性因素，这样他们就能够在充满不确定因素的、挑战性的时期保持内心的力量，成为最好的自己。

本书所持观点为：孩子们压力大，备感孤独，时常不知所措或感到精疲力竭，这是因为我们采用的是误导性的、过时的儿童发展模式，这种模式无法培养出有助于儿童在精神上、道德上和情感上蓬勃发展所需的特质。这些特质有时也称为“非认知技能”“个性特征”“美德”，我称之为性格优势。尽管人们常常认为性格特质没有实质性的作用，但科学研究表明，性格特质对于获得学业成功和达到最佳表现同样重要，同时也是培养韧性和健康心理的核心。

我们可以而且必须把性格优势教给孩子们，这样他们就不再会有精疲力竭的感觉，同时可以帮助他们抵御恶性压力和逆境，使他们不仅仅将自己视为分数，而是把自己看作是一个可以通过努力做到最好的人，简而言之，就是茁壮成长者。

有生命力的孩子的 7 种性格优势

现在为朋友们解决问题为时已晚，但我们得尽快找到解决办法，以免延误年幼孩子的成长。他们的情况会更糟，因为他们被逼得太紧太急了。

——索菲娅，14 岁，达拉斯

过去 10 年中，我梳理了关于优化儿童成长能力的特质方面的研究，并确立了 7 种性格优势：自信、有同理心、有自制力、正直、保持好奇心、有毅力和乐观。这 7 种性格优势能提高人的心理韧性、社交能力、自我意识、道德力量和情绪灵敏度。习得这些性格优势也可以减少焦虑，增强适应力，这样孩子们就可以应对逆境，解决问题，恢复活力，发展健康的人际关系，增强自信心，而这一切都是他们过上有意义的、成功的生活所需要的。

选择这 7 种性格优势基于 6 个标准：

- 通过前沿研究证明，可以提高儿童的适应能力。
- 职业信息网络[①]、皮尤研究中心[②]、第四次工业革命和世界

① 职业信息网络（Occupational Information Network）是一个免费的在线数据库，涵盖数百个职业定义，可以帮助学生、求职者、企业等了解美国的工作现状。

② 皮尤研究中心（Pew Research）是美国的一个独立的民众调查机构，该中心对影响美国乃至世界的问题、态度与潮流提供信息资料。

经济论坛认为，对 21 世纪和全球化来说“必不可少”。

- 被认为是一种可以提高道德品质或行为表现的普遍力量。
- 已表明可以优化学习表现和提升学业成绩。
- 可以通过教育获得，既不是固定不变，也不是基于个性、智商或收入。
- 已表明能够改善心理健康，提升幸福感。

更为重要的是，我访谈的孩子们证实，这 7 种特质有助于减少空虚感。圣何塞的一名中学生表示：“这些特质有助于我们在学校和生活中做到最好。”我们还得继续努力，因为在美国青少年中，这 7 种特质中的每一种特质都呈减少趋势。

本书第一部分介绍的是帮助孩子发展优势，培养关心他人之心。

- **自信**。有了自信，孩子就能认识到自己的长处，接受自己的弱点，并应用这些知识来找到通往成功人生的最佳途径。
- **同理心**。具备了同理心，孩子就能认识和理解自己以及他人的感受和需求，发展健康的人际关系。

本书第二部分讲述的是帮助孩子培养意志坚定的品格。

- **自制力。**自制力可以帮助孩子学会理性思考，克制强烈的不良情绪，减少个人痛苦，从而应对遇到的任何事情。
- **正直。**具备这一特质的孩子会遵循道德价值观的指引，建立坚实的道德准则，指导其生活和人际关系的发展。
- **好奇心。**好奇心可以帮助孩子了解各种可能性，获取新信息，进行发现，激发创造力，从而激发他去追求自己的梦想。

第三部分提供了帮助孩子培养坚定意志的方法。

- **毅力。**在容易放弃时，毅力鼓励孩子坚持下去，同时使他意识到自己能够应对失误，从失败中吸取教训，从而实现自己的目标。
- **乐观。**乐观能使孩子以更积极的态度应对挑战，克服抑郁，对世界充满希望，相信生活是有意义的。

从幼儿到少年，每一种性格优势都可以教给孩子，但大多数孩子从未接受过性格教育，因此在生活中面临着巨大的劣势。本书提供了这些缺失的重要课程，从而使孩子们茁壮成长。

乘数效应

为了几乎不可能实现的目标而努力学习，我们已经精疲力竭了。我们无法入睡，没时间和朋友在一起，也看不到隧道尽头的光明，所以我们感到空虚。

——拉蒙，15 岁，比佛利山庄

每种性格优势都能提高孩子的发展潜力和学业成绩，但多种优势相结合时会产生乘数效应，因而效果更好。事实上，茁壮成长者更擅长驾驭生活的原因之一就是他们同时运用了多种性格优势。

- 自信 + 好奇心：加强自我认知，建立自信和创造力。
- 自制力 + 毅力：增加实现目标和取得成功的机会。
- 同理心 + 好奇心：有助于找到双方的共同点，加强人际关系。
- 自制力 + 正直：抵制诱惑，做正确的事情。
- 乐观 + 毅力 + 好奇心：深入学习，增强信心，优化做事流程。
- 正直 + 好奇心 + 同理心：增强目的性，开展社会活动。

把任意两种性格优势相结合，通向成功之路就会变得更为明确；把三种优势相结合，就能成倍地提高潜力，达到最佳表现。但还有一个“损耗因素”：随着儿童成长中性格优势减弱，成功的概率就会降低，他们更可能感到不知所措、不堪重负、精疲力竭。这就是如今发生在孩子身上的事情。

如果拥有任意一种性格优势，却仍在长时间内给自己施加大量的负面压力，那样就会精疲力竭。来自帕洛阿尔托的 16 岁少女玛雅完美地阐释了这一点：“精疲力竭大多是因为非常努力地学习，却仍然看不到任何回报。不管你多么努力，还是不能保证你能上大学，所以你会想‘这有什么意义呢？’，你会觉得毫无意义。”

我们所有的精力都放在提高孩子们的认知能力上，忽视了他们人性的一面——他们是动力、快乐、灵感和意义的源泉。令人振奋的是，专注于性格培养可以扭转这一局面，教会孩子如何在世界上获得快乐，收获平静，寻得奇迹。

如何使用本书

不管我做多少都是不够，我总得做越来越多的事来满足父母。

——卡登，14 岁，休斯敦

“不快乐的奋斗者”确实不是个例，却是可以改变的。本书提供的解决方案可以让我们重回正轨，这样就能培养出坚强、有爱心、有韧性、茁壮成长的孩子。每一章都有证据支撑的策略和技能，从幼儿园到高中，你都可以轻松地把这些策略和技能教给孩子。本书还将分享来自顶级神经科学家、心理学家、奥运会运动员、麻省理工学院学者以及海豹突击队的最新科学发现。整本书中贯穿了孩子们的真实故事，他们曾面临巨大的困难，比如种族歧视、注意力缺陷、虐待和身体残疾等，但因为父母帮助他们培养了这些性格优势，他们最终得以茁壮成长。此外，本书提供了适合不同年龄段的书单，以及在日常生活中增强性格优势的10多种简单易行的方法。

本书的最终目标是帮助孩子将每种性格优势作为终身的习惯来运用，从而优化自身的潜力，茁壮成长。每种优势都由3种能力和一些可以习得的技能组成，这些能力和技能可以减少倦怠感，增加成功的机会，并培养自立能力。所以，每个月专注于一种能力，和孩子一起练习，或者一家人一起练习（这样更好），每天几分钟，直到孩子可以在不提醒的情况下就能使用这些能力为止。当父母不再需要哄骗、提示或提醒他们时，就意味着孩子们已经内化了这些练习，并可以随时随地使用这些能力了。

多年来，我观察了许多关于性格的精彩课程，并认识到，最好的老师从不使用进度表或讲义，而是把它们“编入”课程中。

我永远不会忘记那位弗雷斯诺的老师。他朗读了寓言故事《三只小猪》后，把五年级的学生分成几个小组，让他们展开讨论，讨论从小猪身上学到的性格特质。

“前两只猪很懒，所以大灰狼很快就吹倒了他们用稻草和树枝做的房子。”一个黑头发的男孩注意到。

“是的，他们需要像第三只猪一样有毅力。”一个红头发的女孩补充道。

“但第三只小猪也很乐观，运用创造力构想什么样的房子才可以对抗大灰狼。”一个脸上有雀斑的孩子说。

“别忘了第三只小猪很正直，有同理心。”一个金发男孩插话道。他的发言让小组成员很惊讶。

“同理心？”他们问道。

“是的，同理心，”他说，“第三只小猪知道他的兄弟们自制力差，不会花时间建造坚固的房子。兄弟们的房子被吹倒后，他没有让他们在寒冷中冻着，而是让他们在他的房子里避难。”

“哇，”另一个女孩评论道，“第三只小猪果然有很多不错的性格优势。”他们小组的成员都点头表示同意。

看着老师，我们相视一笑。这位老师既没有使用花哨的辅导手册，也没有用记忆卡片或讲义来帮助学生了解性格优势的重要性，只是复述了一个听过无数遍的古老寓言。

我们可以教给孩子们有助于他们茁壮成长的基本性格优势，

但最好的课程总是自然发生的，融入日常生活的。聊一次性格优势或读一本相关图书不会有效。相反，要通过有意义的方法来培养茁壮成长的这 7 个特质：指出这些特质、进行模仿、展开讨论并予以重点培养，直到孩子们把这些特质视为他们性格中不可磨灭的组成部分。

要在技术驱动、恐惧蔓延、瞬息万变的 21 世纪茁壮成长，孩子们需要的不仅仅是成绩、分数和奖杯，他们更需要心灵、思想和意志的力量。这 7 个基本的性格优势为他们建立了强大的内在基础，因此孩子们可以应对生活中不可避免的烦躁情绪，过上成功、充实的生活，并且永远不会感到空虚。培养这些特质很可能是你能给孩子的最好礼物，因为拥有了这些特质，他就拥有了保护因素，可以面对不可避免的困难，并且更有可能在没有你的情况下，仍然过上有意义的生活。

评估孩子的性格优势

根据下面的表述，做出相应回答，就可以判断孩子的性格优势，这些优势有助于他茁壮成长。答案没有对错之分，只是为了让你了解孩子现在的情况，帮助你确定哪些特质是孩子的优势，哪些特质值得鼓励。要评估你的孩子，请在每条陈述后的横线上写下你认为最能代表孩子当前水平的数字。

5 = 总是；4 = 经常；3 = 有时；2 = 很少；1 = 从不。

1. 孩子能简单准确地描述他的特殊优势和积极品质 ______
2. 孩子对自己的能力感到自豪和自信，喜欢做自己 ______
3. 孩子主要关注他的长处，而不是他的弱点和过去的失败经历 ______
4. 孩子对自己的评价大多是正面的，很少是负面的 ______
5. 孩子有一些后天培养的爱好和兴趣，可以自然地激发优势 ______
6. 孩子对他人的需要和感受表现敏感 ______
7. 孩子能意识到别人的痛苦并做出适当的反应 ______
8. 孩子愿意理解别人的观点看法 ______
9. 当有人受到不公平或不友善的对待时，孩子表现出关心并想提供帮助 ______
10. 当别人遭受痛苦时，孩子会伤心流泪或心烦意乱 ______
11. 孩子诚实，能够承认错误，并接受对错误行为的指责 ______
12. 孩子能识别自己的错误行为，并将错误的行为转化为正确的行为 ______
13. 孩子对自己的错误或不当行为感到内疚 ______
14. 孩子很少需要正确行事的告诫或提醒 ______
15. 即使在没有人注意的情况下，孩子也能做正确的事，并

信守诺言 ________

16. 孩子能够在没有成年人帮助的情况下控制自己的冲动和欲望 ________
17. 孩子兴奋、沮丧或生气时，很容易冷静下来并恢复原状 ________
18. 孩子在负面情绪和压力升级之前就能识别出来 ________
19. 孩子能够耐心等待，可以应对行为冲动 ________
20. 孩子能够在没有成年人提示的情况下专注于适合自己年龄的任务 ________
21. 孩子能够提出大量“为什么”类型的问题，且并不总是用“是”或“否”来回答这类问题 ________
22. 孩子喜欢用新方法做常规的事或解决问题 ________
23. 孩子喜欢学习能激发他兴趣的新事物 ________
24. 孩子对尝试新的、不同的或令人惊讶的事物感兴趣，或很容易被激励去这样做 ________
25. 孩子愿意犯错，愿意尝试不同的、非常规的方法 ________
26. 孩子愿意尝试新任务，而且很少担心会失败或犯错 ________
27. 孩子认识到改进的方法就是更加努力 ________
28. 孩子遇到困难时不会沮丧，很少放弃，总是不断尝试 ________

29. 任务没有完成时，孩子愿意再次尝试 ______

30. 孩子不把错误看作是个人的失败，而看作是一次学习机会 ______

31. 孩子善于表达感激之情，懂得欣赏，珍惜身边美好的事物 ______

32. 孩子采用积极的自我对话来表达希望，强化良好的结果和态度 ______

33. 孩子不指责，而是宽恕；知道可以通过自己的行动使事情变好 ______

34. 孩子能从困难或挑战中找到一线希望 ______

35. 孩子把挫折和失败视为暂时的，而非永久的 ______

问题 1 ~ 5 代表自信，6 ~ 10 代表同理心，11 ~ 15 代表正直，16 ~ 20 代表自制力，21 ~ 25 代表好奇心，26 ~ 30 代表毅力，31 ~ 35 代表乐观。把每种性格优势的分数相加，然后确定出你的孩子得分最高和最低的性格特质。得分最高的性格特质是孩子的先天优势，这些先天优势可以帮助孩子建立自信，使他茁壮成长，所以要继续培养，直到孩子能认识到自身的这些优势。关于得分最低的一两个特征，可以到本书中找到对应部分，这样你就可以提高孩子茁壮成长的潜力了。

第一部分

培育心灵

减少倦怠感的最好方法之一就是了解我们自己。一旦了解了自己，找到了自己的位置，对自己和生活就有了信心。

——亚历克斯，17岁，圣克拉拉市

第一章

自信

专注于“我是谁”，而非“学什么”

“二战”结束5天之后，意大利瑞吉欧·艾米利亚小镇的农妇们捡拾被炸毁建筑物的砖块，为学龄前儿童建造学校。残酷的战争使她们认识到，教育必须突破学科的限制，教授孩子们各种技能，诸如教他们学会合作、批判性思考，帮助他们树立自信。这所学校就是为孩子们的未来所做的投资，她们将学校命名为Scuola del Popolo，即“人民学校”。

农妇们请青年教师洛里斯·马拉古兹担任老师，希望给孩子们的人生带来更好的机遇，马拉古兹欣然应允。他坚信，孩子们聪明能干、充满好奇、潜力无限，学习必须是他们自发的行为。他要求孩子们积极参与到学习任务中，在学习中了解自己的长处，学会独立解决问题，但是至关重要的是要了解他们自己。马拉古兹把他的教育方法命名为瑞吉欧·艾米利亚模式，以此纪念这座小镇。1991 年，美国《新闻周刊》将这所学校列入“世界十佳早教学校”。如今，瑞吉欧 · 艾米利亚教育模式受到全世界的推崇，同时也促使人们重新思考，孩子到底怎样才能茁壮成长。

2019 年 3 月，我观摩了位于黎巴嫩首都贝鲁特的美国社区学校（ACS）的一个早教项目，近期参与该项目的人数激增。这所“人民学校”秉承瑞吉欧 · 艾米利亚的教育理念，学生来自 60 个不同的国家。和当时的农妇们一样，学校的教师也坚信，孩子们真正的自信并非来自物质的奖励或者虚幻的荣誉，也并非来自家长们形影不离的百般呵护，而是来自孩子们的内心。该校校长索桑 · 亚辛说 :“我们的目标是挖掘孩子独特的个人优势并加以培养，这样每个孩子都会获得成就感，‘成功孕育成功’。”

整个下午我都在观察教室里的孩子们，他们积极参与学习，兴奋不已，每个人的脸上都洋溢着笑容。四五岁的孩子们互相协作、探索、创造、主导自己的学习，整个过程中，大人们从未插手。因为这所学校严格禁止溺爱行为，积木倒了，老师们也只是心平气和地提问 :“我们怎样才能修好呢？”这时孩子们就会展开头脑风暴，想出各种解决方案。如果一个方案行不通，老师就会说 :“想想怎么解决？”孩子们就又跃跃欲试，努力尝试其他解决方案，因为他们了解自己的优势和不足。而在其他学校的课堂上，学生们往往是按照课程设置，跟随老师进行学习，而 ACS

的教师则跟随学生的脚步，他们既要达到核心教育目标，也要帮助孩子们了解自己，树立自信。

通常情况下，学校通过寄送成绩报告单来告诉家长孩子的优势和不足，而ACS采用的方式是描述每个孩子的学习进展和个人优势。想象一下你作为家长，收到了ACS的老师寄来的关于你孩子的如下报告：

> 艾拉意志坚定，善于表达自己的需求和感受，并为自己设定底线，她曾这样对小伙伴说："要想摸我的脸，得先问我，我说可以，你才能摸。"小组讨论时，她总是积极分享自己的观点，展现自己优秀的语言表达能力。她是班集体中的重要一员，每天都在不断成长。

ACS的几位家长告诉我，他们非常感谢学校能提供这样的描述性的报告。一位妈妈还说："这样的报告有助于我了解孩子，从而更有效地培养孩子。"

另一位家长说："这种做法使我更关注孩子的长处，而非他的弱点。"

一位父亲称："这样的报告突出强调孩子的优势，极大地增强了孩子的自信心。"ACS的报告有助于家长了解孩子的优势。

"我们希望孩子们成为他们自己，而不是成为我们希望他们成为的样子。”索桑·亚辛这样说道。

70 多年前，瑞吉欧·艾米利亚的妇女们对孩子们寄予同样的希望，我们对孩子们寄予的希望也必如此。帮助孩子们“成为他们自己”是使孩子们发挥出潜能的第一步，这样他们才可能成为最好的自己，而成为最好的自己始于自信这一性格优势，自信是孩子达到最佳表现的必经之路。

什么是自信

一个 3 岁的孩子说：“我自己能拉上拉链！”

一个 6 岁的孩子说：“我知道我大声说话会让人烦，所以我就小声说！”

一个 10 多岁的孩子说：“我知道，要是我用心记，就能考出好成绩！”

一个青少年说：“我球踢得很好，是因为我提醒自己要集中注意力，全力以赴！”

4 个截然不同的孩子有一个共同点：具有健康、真实的自我认知，这些孩子了解自己的长处，接受自己的弱点，并可以运用这些自我认知来帮助自己取得成功。准确地认识自我，认识到自己需要改进的薄弱环节，可以为孩子的生活打下坚实的基础，而这准确的自我认知始于自信。孩子应有的第一个关键的性格优势是清楚地了解“我是谁”，这样可以培养内在的自信，欣赏个人独特的品质、优势、才能和兴趣。自信会随着技能、能力、性格特征和自我认知的增长而增长，自信也是所有其他特质赖以建立的基础力量——要成为茁壮成长者，孩子首先必须培养积极的自我认同。

- **自信可以提高学业成绩。**虽然茁壮成长者并不只关注成绩，但令人欣慰的是，培养这种特质确实能帮助孩子们在课堂上表现得更好。对自我有深刻理解或具有强烈自我认知的孩子，在学校更快乐、更投入，更有可能坚持完成艰巨的任务，并从失败中振作起来，从而学习到更多。自信使孩子们顺利地从幼儿园进入小学，从小学再进入中学，并在高中和大学取得更高的学业成就。
- **自信使孩子更有韧性。**自信有助于孩子们驾驭生活、坚持努力、重振旗鼓，并提供急需的内在资源来应对压力和逆境。
- **自信可以提升幸福感。**自我认知较强的孩子们会更加努力，有更强的自信和创造力、更牢固的人际关系、更有效的沟通能力和更明智的决策能力，总体来说，他们的心理更加健康。
- **自信可以带来更多快乐。**美国心理学会前主席马丁·塞利

> 格曼指出："真正的快乐源自发现和培养自己最基本的优势，并在每日的工作、爱情、娱乐和育儿过程中加以运用。"当孩子们了解自己，并能在自己的优势领域发挥作用时，他们会更快乐。

这些似乎都是常识，但一项又一项的研究表明，孩子们缺乏这一关键的第一特质：了解自己，认识到自己的长处，并自信地发挥自己的才能和兴趣。本杰明·布鲁姆对成为世界级专家、极具天赋的年轻人（奥运会游泳运动员、世界级网球运动员、杰出的数学研究员、神经学家、钢琴家和雕塑家）进行了一项著名的研究。研究发现，他们有一个明显的共同点，即他们年幼时，父母都认识到了他们的兴趣和才能，并以有趣的方式加以培养。几年之内，他们就将自己视为"钢琴家""游泳运动员""雕塑家"等，并很重视自己的才能，他们从此自信满满，不断努力完善自己的技能。无数研究也证实，自信就像点燃孩子成功动力的燃料。但这种特质也使孩子们明白了生活的意义和目标。

一位来自纽约长岛的13岁的女孩告诉我，她的生活就是体育课、音乐课、辅导和无休止的家庭作业。"我知道我很聪明，父母也爱我，但我的自我感觉并不好。音乐老师告诉我父母，我的强项是小提琴，但因为没时间练习，这个天赋就要离我而去了。我生命中最美好的一天就是，我爸爸说我可以放弃其他活动，这样我就有时间练习小提琴了。我可以做自己喜欢的事情，我从未如此开心过，我甚至都喜欢我自己了。”

这样的故事很常见。我们希望孩子样样都擅长，于是把育儿变成了铁人三项训练，孩子被迫参加无穷无尽的活动，或者我们给孩子提供为数不多的选择，希望他在这些领域能有所建树，比如网球、钢琴或高尔夫等等。我们告诉孩子们，他们样样都擅长，以此来提高他们的自尊，但是我们这样做并没有给他们带来任何好处，反而使他们失去了自己的特殊天赋——原本这些天赋可以使他们享受独处，尊重自我，赋予生活以意义，感觉得心应手，从而坚持不懈。就这样，孩子们不再了解自己真正的兴趣和独特的才能，患抑郁症的概率也达到了前所未有的高水平。

事实证明，许多孩子对自己了解不全面、不准确，因此他们感到空虚和疲惫。若想朝好的方向改变，首先我们要将自己解放出来，不再为孩子们提前做安排，让他们保持自我，而不是成为我们希望他们成为的样子。为此我们还得继续努力。

为什么自信很难教会

我们总是努力成为别人，而不愿意做自己。

——斯凯，12 岁，西雅图

在和父母们谈论如何培养年幼的孩子的自信时，我经常向他们推荐一本书，保拉·福克斯写的《男孩石头脸》。这本书讲述了一个令人心酸的故事。有一个笨拙的男孩叫格斯，他不太合群，很少笑，总是板着脸，不表露自己的感情。格斯长期以来隐藏自己的情绪，就好像关上了一扇想象中的门，把别人和自己的信念都拒之门外。兄弟姐妹们称他为“石头脸”，这个外号一直流传了下来。

但只有哈蒂姑婆明白，格斯迫切需要了解自己的优点，于是递给他一个小晶洞。“把它打开，你就会看到里面的力量。”格斯满头雾水，直到一个漆黑的雪夜，他姐姐的狗不见了，他才彻底明白了哈蒂的意思。虽然那晚格斯很害怕，但他还是独自冒险去寻找姐姐的狗，当时他摸到了口袋里的那块石头，他明白了，如同这个晶洞一样，他的力量也存在于他的内心，他不必依赖别人。格斯意识到了自己的天赋：聪明的头脑、解决问题的能力和乐观的心态，他只是需要把这些天赋利用起来。那晚他独自一人找到了姐姐的狗，石头脸男孩露出了笑容，这是他第一次发自内心地笑。他发现了自己的长处，知道自己可以应对任何事情。格斯终于有自尊心了。

虽然晶洞的外表看起来普普通通，但里面是中空的晶体，晶体变硬后可以变成美丽的水晶……但它们只有在合适的环境中才能形成水晶。同样的道理也适用于孩子：不给予适当的滋养，孩子就无法产生自信，因而会感到空虚。以下是很多儿童内在成长受阻的四个原因。

一、自信不是自尊

大多数父母认为自尊是通往幸福和成功的必经之路，因此我们经常和孩子说："相信自己""你很特别""你可以成为任何你想成为的人"。孩子参与了就颁发奖励，表现出（或几乎表现出）自信也给予物质奖励。我们克服每一个障碍，解决所有问题，而且永不，永远不让孩子失败，我们用心良苦却收获甚微。如今的孩子们比以往的任何一代都更为压抑，而他们自恋的心理（"我比你强"）却胜过他们的自尊心。

而研究的真实结论是：几乎没有证据表明，提高自尊会提高学业成绩，增强幸福感。是的，对孩子的参与给予奖励都是徒劳的。对校本课程进行的几项大型评估得出的结论是，提高自尊"对学生的成绩或成就没有明显的影响"。然而，研究确实表明，相对于那些认为自己无法控制学业成绩的孩子，将成绩归因于自己的努力和优势的孩子更为成功。孩子一旦认识到自己做得很好，就会有动力一次又一次地利用这些优势，每一次成功都能让孩子更加自信，但无论成功或失败，孩子都是要亲身实践并自己做决定的。

真正的自信源自孩子能自己把事情做好，直面障碍，提出解决方案并重拾信心。帮孩子们解决问题，替他们完成任务，让他们做事更轻松，只会让孩子们认为："他们不相信我可以。"有自信的孩子知道他们可能会失败，但他们会重新振作，这就是我们要把自己解放出来的原因，我们不能再时刻监视孩子，为他们扫除障碍，随时给他们提供帮助了。茁壮成长者总是以自我为导向的。

二、我们生活在注重外表的文化氛围中

地位、财富、名牌和外表并不影响我们获得积极的自我认知，这不足为奇，但是，孩子就是在这样的外部世界里成长的。在如今这个注重名人效应、购物欲旺盛的社会里，孩子感到空虚，他们自身的品质似乎也无关紧要了。在 9 ~ 16 岁的青少年中，有 1/4 认为，生活中他们主要的担忧之一就是自己的外表。

社交媒体平台也增加了孩子们对自身网络形象的担忧，降低了他们与他人比较时的自我价值。14 岁的女生在社交媒体上花费的时间远超过男生，在照片墙（Instagram）、瓦次普（WhatsApp）和脸书（Facebook）等平台上互动时，她们更容易表现出抑郁。她们更在意"我的外表、穿着或体重"，而不太在乎"我是谁"，由此传递了这样的表面信息：身份取决于你所拥有的，而不是"你是谁"。由此可知，她们对自我身份的认知是片面的、不准确的。

过度比较会带来坏处，这一点我们是知道的，但原因其实在于：当地位、财富、名牌和外表被视为无所不能时，孩子们便很难回答“我是什么样的人？”这样的问题。将金钱和物质放在首位会带来各种各样的问题，如自卑、抑郁、焦虑和空虚，可在他们的周围，不仅同学们这样做，家里人也一样。

三、父母忽略了孩子的真正优势

研究清楚地表明：在合适的条件下，几乎所有的孩子都能站得更高、更加突出、取得更高成就，但前提是家长不把自己的意志强加给孩子。

举个典型的例子：蔡美儿轰动一时的畅销书《虎妈战歌》告知我们，她的中国式育儿理念——让孩子们脱颖而出，但不考虑他们的爱好——可以培养出更多成功的孩子。蔡美儿让她的女儿们只弹钢琴或拉小提琴，严格限制课外活动，禁止她们约会、在外过夜或参加学校戏剧演出，这样她们就可以无休止地练习再练习。许多西方父母也加入“虎妈式”育儿热潮，希望孩子成为神童和奇才，但他们忽略了关键的一点：茁壮成长的孩子的父母都会培养孩子的天赋，因为这些天赋是他与生俱来的，而不是父母的兴趣所在，或是父母梦寐以求的。

若是以培养伟大的人才为目标，那虎式育儿必将是一条失败之路。你可能不会这么做，因为这样会给孩子太大压力，孩子对这个领域的热情也会随之消失。一项跟踪虎式育儿父母的长达10年的研究证实，这种方法并不会培养出优秀的孩子。虎式育儿模式下，孩子的成绩更低，抑郁程度更高，与父母疏远，内心空虚。这与茁壮成长者正好相反。

四、“全面发展的孩子”的终结

培养“全面发展的孩子”的时代已经过去了，如今，家长的目标是培养一个神童。家长认为性格品质“无关紧要”并将其置于次要地位，任何未在成绩单上标明的品质都不予考虑，一流的成绩才是最重要的。相反，人才选择是根据是否有“成功优势”，而不是基于孩子的天赋或个人爱好。（但愿不会如此！）生活在需要不断丰富个人资历的世界里，压力是巨大的，难怪孩子们说他们感到不知所措、空虚、“永远不够好”呢。

研究表明，有学术天赋的青少年（尤其是在杰出学校就读的家庭富裕的青少年）在青少年和成人时期滥用药物的可能性都很大。孩子们知道我们希望他们出类拔萃，所以拼命努力不想让我们失望，但他们的焦虑和心理健康需求却在飙升。他们所言着实令人心痛：

“我永远也进不了哈佛，但我怎么和父母说呢？”

“我觉得我永远都达不到我爸爸的‘足够好’的标准。”

“我真希望父母能了解真实的我，但我觉得他们不会。”

如何教会孩子自信

我们不应只关注孩子的考试成绩，而应该认可他们为独一无二的人。为此，我们必须摆脱自己的梦想的束缚，追随他们的爱好和天赋。这说起来容易做起来难……尤其是因为我们太爱孩子了，只想给他最好的，同时还设想我们的努力会有助于他成功和幸福。但是，如果我们希望孩子们茁壮成长，就必须改变我们的育儿方式。

先从审视我们自己开始，然后将目光转向孩子。接下来的章节将探讨家长需要回答的三个关键问题，从而让孩子获得积极向上的自信。这三个问题是：你认为你的孩子是什么样的人？你的孩子认为他是什么样的人？以及，至关重要的是，他想成为什么样的人？

一、你认为孩子是什么样的人?

等等，我们不是应该跟随孩子的脚步，了解他是什么样的人，他想成为什么样的人吗？是的，我们应该这么做的。但从孩子出生以来，你就一直在研究他，你知道他擅长什么，你也知道他喜欢什么，你又有话要说了！

但有时我们对孩子的看法停留在过去（他从一年级开始就不

喜欢画画了！），有时我们会忽略那些近在眼前的品质，这就是我们应先以清醒的眼光看待如今的孩子的原因，这样有助于我们和孩子谈论未来。我将这些优势称为孩子的核心优势。毕竟，只有对孩子们有准确的认识，才能培养他们的长处，帮助他们弥补不足。要做到这一点谈何容易；孩子的优点很容易被忽视，一位妈妈就承认了她身为父母的不足。以下是她给我讲的故事。

> 我的二儿子凯文很喜欢讲故事。他祖父在他3岁时就发现了他的语言优势。有一天，他祖父拿着一个空雪茄盒来到我们家，告诉凯文这是一个“故事捕捉器”，他和凯文说：“打开盖子，故事就会飞出来。”之后，凯文就开始虚构故事。他祖父鼓励我继续开发凯文的天赋，他说：“总有一天，他会用得上这种能力的。”我花了几年时间才意识到孩子语言能力的强大，可凯文的祖父早已发现了他的这一天赋。凯文现在在拍电影，还在讲故事。

事实上，发现孩子的核心优势可能是我们最重要的育儿任务之一，这有助于我们尊重孩子的本真，而非我们希望他成为的样子。尊重孩子是帮助他尊重自己的最好方式，还可以促使他发挥自己的能力，助力他达到最佳表现，提高他茁壮成长的能力，并减少空虚和倦怠感。但首先，我们要了解我们优秀的孩子，然后利用这些发现来帮助他准确了解自己的优势和不足。

那么，什么是孩子的核心优势呢？简言之，就是能促使孩子茁壮成长的最强大的积极品质、性格特征和标志性才能。正是这些核心优势造就了孩子，这些核心优势可以是诸如友善、善于倾听或善于合作等人格特征，可以是诸如同理心、勇气和善良等性格特征，也可以是音乐、表演和独创性思维等方面的才能和天赋。最重要的是，核心优势是你真正在孩子身上发现的优势，而不是你所希望他具有的优势或你在自己身上看到的优势。孩子不是我们的复制品，而是他美好的自我，我们必须予以尊重。

如何判断孩子是否具有了核心优势呢？TALENT（天赋）一词是6个单词的首字母缩写，它描述了核心优势在个体中表现出来的6个共同特征。具有核心优势的孩子具有以下特征：

- **T = Tenacity（坚韧）**。孩子表现出决心和毅力，在运用自己优势的任务中取得成功。
- **A = Attention（注意力）**。与其他优势领域或核心优势相比，孩子更容易专注于任务，并且专注的时间更长。
- **L = Learning（学习）**。孩子在运用核心优势时，学习得更快、更轻松。
- **E = Eagerness（热忱）**。孩子有动力和精力积极参与任务，不需要成人的激励或奖励。

- **N = Need**（需求）。孩子对核心优势有很强的占有欲："这是我的。"核心优势能增强自信，减缓压力，实现积极向上的目标。
- **T = Tone**（心态）。孩子在谈论优势时听起来很兴奋、自豪或快乐。

发现孩子的天赋是容易还是艰难呢？许多父母惊讶地发现，他们忽视了孩子的某些长处，反而在孩子的短处上花了很多时间。孩子的长处有时是家长在不经意间发现的。下面是来自弗吉尼亚州费尔法克斯的一位父亲的经历，他偶然间发现了儿子潜在的才能。

> 我有两个儿子，他俩就像白天和黑夜一样，截然不同。大儿子是个电脑奇才，小儿子则迷上了狼，我知道，这可不是什么常见的儿童消遣活动，但是他阅读了关于狼的所有书籍，并且还想了解更多。黄石国家公园被认为是观赏狼的最佳地点之一，于是我计划了一次父子周末旅行，并安排儿子与研究狼的首席生物学家见个面。就是在黄石国家公园，我第一次听到我 12 岁的儿子评论黄石公园狼研究项目的年度报告（我根本就不知道有这样的报告），和生物学家讨论为什么狼不再是濒危物种，并礼貌地纠正了护

林员关于狼亚种数量的说法。我很震惊：我从未意识到我的孩子对狼的兴趣是如此之深。原来他连做梦梦到的都是狼！从此，我对儿子有了全新的认识。现在我知道他想做什么，而且我努力帮助他成功。我不禁想，如果我没有安排那次旅行会错过什么。

你想最终确定孩子是什么样的人，他有什么核心优势时，就问问自己以下问题：

- 假设你遇到一个从未见过你儿子或女儿的朋友，他问你："说说你的孩子吧？"你会告诉他什么？如果你的朋友问你的孩子："说说你自己吧？"你的孩子会怎么回答呢？
- 在你的余生中，你最想记住孩子的哪些积极的、持久的特征呢？你想记住的特征通常是孩子在人际关系中运用的优势（如友善、欣赏、礼貌和爱心）以及你看重的孩子身上的其他优点。
- 你的孩子在空闲时间最喜欢做什么或最常做什么？看着他玩，看看他喜欢什么。他有社交媒体账号的话，查看一下他的虚拟角色，了解他是如何塑造自己的。问问了解你孩子的人，比如祖父母、兄弟姐妹、老师、教练、朋友以及朋友的父母，了解一下他什么时候表现最热切、什么时候最投入、什么时候最开心?

- 你孩子的弱点或常面临的挑战是什么？什么特质或行为会阻碍他成功，或者影响他的名誉?

孩子们了解了自己，并且会运用自己的特殊天赋时，自信心就会增强。作为家长，我们要做的就是尊重孩子们，使他们发挥优势，充分发挥自己的潜能。要想成功，必须让孩子引领我们。

核心优势调查

每个孩子出生时都具有独特的积极品质、特点和性格优势，家长可以通过培养这些优势来提高孩子在这个胜者为王的世界里茁壮成长的概率。孩子身上最强大的品质，我称之为核心优势，核心优势可以增强 7 种基本的性格优势。性格优势有几十种，我之所以选择这 7 种，是因为它们有助于儿童发挥茁壮成长的潜力，可以加以培养，对幸福生活产生积极影响，而且有助于孩子改造世界。在下面的性格优势列表中，你只需要标出孩子身上具有的、能真实反映孩子特点的优势。

性格优势			
自信和自尊	同理心和人际关系技能		正直和道德品质
□ 真诚	□ 关爱	□ 谦逊	□ 承认错误，努力弥补
□ 有主见	□ 无私 / 乐于助人	□ 包容	□ 勇敢
□ 自信	□ 合作 / 有团队精神	□ 和善	□ 可信赖
□ 理性	□ 善于沟通	□ 讨人喜欢	□ 正确做事，不计回报
□ 有独到见解	□ 体贴入微	□ 有爱心 / 富有同情心	□ 道德

（续表）

性格优势			
自信和自尊	同理心和人际关系技能		正直和道德品质
□ 独立	□ 彬彬有礼	□ 换位思考 / 善解人意	□ 忠诚
□ 个人至上	□ 有同理心	□ 善于调解 / 善于宽慰他人	□ 良好的判断力
□ 充满激情	□ 公平	□ 与他人关系融洽	□ 诚实 / 真实
□ 有使命感	□ 友善	□ 敏锐	□ 公正 / 公平
□ 有自我主张	□ 慷慨	□ 有服务意识 / 乐于奉献	□ 有领导力：坚持正确的事情
□ 自我肯定	□ 温和	□ 乐于分享 / 愿意轮换	□ 善于调解
□ 信念坚定	□ 善于倾听	□ 理解并表达情感	□ 有责任心 / 可靠
□ 很强的自我理解力	□ 乐于助人		□ 有体育道德
			□ 道德高尚
			□ 值得信赖
			□ 智慧
自制力和适应性	好奇心和创造力	毅力和勇气	乐观和希望
□ 适应性强	□ 勇敢 / 无畏	□ 细心	□ 宽容
□ 有应对能力	□ 有创造力	□ 坚定不移	□ 感到有趣 / 快乐
□ 延迟享乐	□ 开展创造性活动	□ 纪律严明	□ 心存感恩
□ 专注	□ 找出多个选择	□ 有创业精神	□ 亲切
□ 灵活	□ 敢于适度冒险	□ 体验心流状态	□ 充满希望
□ 有耐心	□ 富有想象力	□ 有始有终	□ 幽默

（续表）

性格优势			
自制力和适应性	好奇心和创造力	毅力和勇气	乐观和希望
□ 谨慎	□ 好奇	□ 坚韧不拔	□ 开放
□ 自律	□ 富有洞察力	□ 有目标	□ 乐观
□ 自我调节	□ 勇于创新 / 勇于开拓	□ 成长型思维	□ 积极的心态
□ 节制	□ 热爱学习	□ 勤奋	□ 有韧性
	□ 不拘一格	□ 积极主动	□ 有灵性
	□ 思想开放	□ 有毅力	□ 热情
	□ 善于解决问题		

独特优势和核心优势	
语言优势	
□ 阅读	□ 诗歌
□ 词汇	□ 辩论
□ 口语表达	□ 讲故事 / 讲笑话
□ 记忆力	
逻辑 / 思维优势	
□ 抽象思维	□ 有条理
□ 常识	□ 聪明
□ 计算机技能	□ 善于解决问题
□ 解读密码	□ 思维敏捷，善于学习
□ 深入思考	□ 具有丰富的主题知识
□ 敏锐的记忆力	□ 科学
□ 数学和数字	□ 思维游戏

（续表）

独特优势和核心优势	
身体运动能力 / 体能	
□ 表演 / 角色扮演	□ 耐力
□ 爱运动	□ 优雅
□ 平衡 / 灵巧	□ 体操
□ 协调能力	□ 跑步
□ 舞蹈	□ 特定运动
□ 戏剧表演	□ 体力
音乐优势	
□ 乐器	□ 回忆曲调
□ 唱歌音准	□ 理解 / 创作音乐
□ 节奏	□ 随音乐做出反应
自然优势	
□ 善于观察	□ 科学收藏
□ 热爱动物	□ 徒步旅行
视觉优势	
□ 有艺术天赋	□ 摄影
□ 绘图 / 绘画	□ 回忆细节
□ 识图技能 / 方向感	□ 可视化

在下方列出孩子的其他积极品质、性格优势、核心优势和天赋
□
□
□
□
□
□
□
□
□
□
□
□
□
□
□
□

这份表单是从各种资料中筛选出来的，包括“个人价值观卡片分类”“‘行动的价值’协会”“盖洛普的克利夫顿优势”“托马斯·利科纳的十项基本美德”。这些品质在许多国家、偏远部落和土著文化中也存在。

二、孩子们认为他们是什么样的人？

11 ~ 13 岁的孩子是非常合适的访谈对象，因为他们对生活的看法非常有趣，所以我很期待和 6 个来自圣迭戈的孩子在他们最喜欢的餐厅聊天，他们也迫不及待地想要分享身为 10 多岁孩子的感受。他们就读于同一所重点中学，虽然日程安排得很满，但还是被辅导员（他们的父母也支持）选来参加我的访谈。

这几个孩子成绩斐然："荣誉榜上的常客"、许多领域（辩论、科学博览会、体育）的获奖者、学生领袖和尖子班学生。他们一边看着手机，一边对事物发表自己的看法，如：他们喜欢色拉布（Snapchat）[①]；自助餐厅的饭菜很"恶心"；机器人竞赛快要举行了，他们很"紧张"。对于要保持较高的分数、优异的成绩、出色的运动表现，他们都说"压力巨大"。他们的梦想是考上常春藤盟校。

"那么，你们空闲时间都做些什么呢？"我一问，大家顿时安静了下来。

"'空闲时间'您指的是什么呢？"

"就是那些与学校无关的活动，那些你们喜欢独自做的事。"

---

① Snapchat 是一款"阅后即焚"的照片分享应用程序。利用该应用程序，用户可以拍照、录制视频、添加文字和图画，并发送到好友列表中。这些照片及视频被称为"快照"（Snaps）。——译者注

我说。

“玩电子游戏。”

“给朋友发信息。”

“看视频。”

“下载电影。”

“但是除了玩电子设备外，你们还做什么吗？比如像绘画、阅读或游泳这样的爱好呢？”他们都以怀疑的眼神看着我。

“我们哪有时间做自己喜欢的事呢？”一个同学说（同时他还回复了一条信息）。

“真的有孩子在做他们喜欢做的事情吗？”另一个同学问道。

孩子们的童年已经发生了翻天覆地的变化。孩子们不再拥有业余爱好、自由“独处”的时间，甚至是消遣性阅读，取而代之的是电子设备、家长组织的活动或与学校相关的活动。既然没有时间独处，那么孩子们该如何了解自己呢？既然有韧性的人往往有自己的业余爱好，那么这些孩子是如何既兼顾业余爱好，又实现茁壮成长的呢？于是我问他们：“你们怎么形容自己呢？就是说‘你们是谁呢？’”他们很快就做出了回答。

“好学生。”

“足球运动员。”

“学生会主席。”

“网球运动员。”

“国际象棋俱乐部成员。”

“辩论员。”

他们还在说着自己的身份，但孩子们所描述的优势都局限于学校或体育方面，那些帮助他们建立自信、获得快乐、找到生活意义的个人品质却被严重忽视了。这与我访谈过的孩子们惊人地相似。

我们分别时，两名初二的学生犹豫了一下。“我觉得，我们真的不知道在学校之外我们是谁。”一个同学说。

另一个同学点点头，补充道：“你能告诉家长们，让他们帮我们弄清楚‘我们是谁’吗？”

我答应了他们的请求。

如果你刚刚完成了前面的性格优势/核心优势调查，你就会看到你的孩子在很多方面让你感到自豪。但仅仅认识到孩子们有多棒还不够，我们需要让他们了解是什么使他们与众不同的，并对此加以重视，好好培养。下面介绍的方法有助于培养孩子强烈的“我是谁”的意识。

第一，认可孩子的核心优势。找出你希望孩子现在就能认识到的一些核心优势，确保这些优势合理合规，并且在孩子身上存在，然后反复确认。这些优势一定要具体，这样孩子就能确切地知道他因什么而得到认可。“你很有耐心，总是等着轮到你时才说，从不慌张。”“你很顽强，坚持到底，永不放弃！”“你很善良，我注意到你询问那位老奶奶是否需要帮助。”孩子们需要先认识到他们的天赋，然后才能努力去提高。

第二，给孩子“听得见”的夸赞。孩子“偷听”时，向别人夸赞他的优点，让孩子无意中听到（他不知道你是有意而为之）。例如，你告诉丈夫或妻子：“一会儿看看基莎的画！她的艺术才能会令你印象深刻。”如果孩子无意中听到这些，你夸赞孩子的效果就会大大增强。

第三，用名词，而不用动词。有没有想过我们的赞美是否有价值？亚当·格兰特描述了一个针对 3 ~ 6 岁儿童的实验，该实验提供了一些重要的线索。在一次测试中，“帮助”用作了动词：“有些孩子选择帮助他人。”在另一个测试中，“帮助”则用作了名词：“有些孩子选择做帮手。”与听到动词“帮助”的孩子相比，那些受邀来当“帮手”的孩子更可能真正去帮助别人。于是研究人员得出结论，运用描述性名词可以激励孩子频繁运用自己的优势，因为他们想追求积极的自我认同。因此，我们要运用名词来强化孩子的优势，与其说“你擅长绘画”，不如说“你是个画家”；与其说“你擅长踢足球”，不如说“你是个足球运动员”；与其说“你喜欢写作”，不如说“你是个作家！”。值得表扬时，一定要不断夸赞孩子的优势，直到孩子自己认识到了这一优势。“看，我是个艺术家！”的确，我们的耳朵是有魔力的，听得多了，就成真了。

第四，帮孩子挤出时间。“我希望你能告诉我爸妈，我只能参加一项运动。”佛罗里达州代托纳比奇市的一个 11 岁女孩这样告诉我，“四项运动太多了。我喜欢网球，但如果我还得游泳、踢足球和跑步的话，我就永远不会精通网球。”许多孩子说，如果某项爱好不是在学校或运动方面取得成功而“必需的”，他们就不会有足够的时间来从事这项爱好。我们都希望帮助孩子们优先培养出有助于他们在世界上取得成功的技能，但是改变他们的时间安排，我们就可能会在不经意间扼杀了他们的真正兴趣和热情。事实上，研究表明，有些美国孩子之所以放弃了自己的天赋，是因为没有足够的时间来实践。因此，核查一下孩子们的日程安排：是否可以减少一项活动，这样每周可以腾出 30 ~ 60 分钟的时间来培养他们的优势？能否提高处理琐事的效率？真的有必要上那个额外的课程吗？可以减少玩电子游戏、发信息或看电视的时间吗？让我们在确保这是孩子所热爱的天赋的同时，帮助他抽出时间来培养天赋吧！

第五，使实践过程充满乐趣。提高孩子自身优势的方法是不断实践，但研究发现，实践过程应该是有趣而愉快的。我们需要不断调整对孩子技能的期望值，使实践处于或超过孩子的技能水平。记住：做一个摇旗呐喊者，而不是实践者。

第六，赞美努力，而不是天赋。我们的最终目标是让孩子们认识到，他们的优势可以通过努力和实践得到提高，这意味着孩子们已形成一种优势思维定式——相信如果努力发挥自己的优势，他们就会进步，逐渐成为最好的自己，这个简单的信念可以引导孩子们走向成功和幸福。孩子每次努力实践自己的优势时，要重点强调他付出的努力，而不是天赋。例如："你的艺术水平在不断提高，因为你付出了很多努力。""你练得多了，踢球水平就提高了！""你唱得更好了，这是因为你努力了。"

第七，不要强调弱点。研究发现，家长更关注孩子的弱点而不是优势，事实上，77% 的人认为，孩子成绩越差，需要花的时间就应越多，需要的关注也越多。然而，优势是孩子最有可能取得成就的领域。孩子们身处逆境时，他们凭借的是自身的优势而非劣势，才能从逆境中振作起来。一位父亲曾告诉我，他的手机屏保是一条备忘录："注重优点！"而且这条备忘录奏效了。我们要想方设法提醒自己多关注孩子的长处。

三、孩子想成为什么样的人？

阿拉娜是一位天才少年，就读于佛罗里达州坦帕市的一所私立高中，父母受过良好的教育，家境富裕，父母认为女儿未来应该上法学院。她知道我是个作家，而当作家是她的梦想，所以她希望能和我谈谈。"你在 Chipotle[①] 餐厅见过作家马克杯吗？"她

① Chipotle 全名是 Chipotle Mexican Grill，是一家专门从事墨西哥卷饼和炸玉米饼的连锁餐厅。——译者注

问道。我承认我没见过。“马克杯上有著名作家的名言，但很少有女性作家的，这真的让我很困扰。我想联系那家公司让他们改一改。”然后她停顿了一下，问道，“我应该这样做吗？”

显然，这个问题她想了很久了，于是我问她：“为什么没这么做呢？”

“我爸爸说，在我的所有目标中，这个目标不够高，他想让我专注于法学院，但我想当作家，”她说，“但我是在迷失自我。”

“迷失自我”是我经常听到的话题。青少年列出了无数的活动，但同时表示，几乎所有活动都是由父母选的。他们得进入所谓“合适”的大学，由此他们感到了巨大的压力，也担心这与他们的兴趣爱好背道而驰，所以他们感到担忧和空虚。这些来自休斯敦一所名校的青少年也有类似的感受。

“我只做父母想让我做的事，但我不知道我的人生该怎么办。”

“我学习 AP 数学课程是因为我的父母希望我成为一名工程师，但我讨厌数学！”

“我参加的活动让我的简历看起来不错，但我不知道‘我是谁’。”

出于良好的初衷，父母正拉着孩子沿着一条通往理想学位的单向道路前进，但他们也不确定哪条路线最适合孩子。对很多人来说，这是一条通往幸福的“死路”。

如今的许多毕业生都没有取得成功，40% 的年轻人与父母或亲戚住在一起，这是 75 年来的最高纪录。从 2008 年到 2017 年，18 ~ 25 岁的人群中，患严重心理障碍（包括焦虑和绝望感在内）的人数上升了 71%；16 ~ 17 岁的青少年中，患抑郁症的人数激增了 69%。而像新冠肺炎疫情这样的危机会加剧先前存在的压力和心理健康问题。面对这些问题，我们可能忽略了一个解决方案：帮助孩子们找到目标，或确定对他们来说真正重要的事，然后为此采取行动。

觉得生活有意义的孩子往往有更强的自我意识，在学校表现得更好、更有韧性，心理也更健康。斯坦福大学的心理学家威廉·达蒙警告说：“只有大约 20% 的青少年有强烈的目标感。”达蒙还认为，当今年轻人面临的最大问题是觉得生活没有意义。生活没有目标导致许多人漂泊不定，压力重重，在茁壮成长的路上苦苦挣扎而不是脱颖而出。

如今的学术狂热只关注成绩和分数，也使孩子们背离了自己的兴趣爱好。芝加哥大学心理学家米哈里·契克森米哈赖从事的研究发现，我们处于心流状态时最快乐，心流状态即全身心地投入发挥优势的活动时处于的心理巅峰时刻。但达蒙的研究表明，当今近 80% 的年轻人并未从事他们的目标事业，相反，他们被束缚在成年人主导的课程、俱乐部或活动中，这些活动的唯一目的是获得奖学金或被大学录取。

只有明确自己的目标，孩子才能走上收获快乐和自豪的道路，并朝着更伟大的目标努力。他们在完成有意义的任务，看到积极成果后，就不再需要我们摇旗呐喊或给予奖励，他们终于可以不再怀疑“我够好吗？”，以目标为导向的活动还具有“乘数效应”，因为这些活动可以增强孩子的自信心、同理心、正直、自制力、好奇心、毅力和乐观，这 7 种性格优势可以激发潜能，帮助孩子茁壮成长。目标导向的活动可以使孩子获得积极的自我认知、真正的自信，减少空虚感。

第一，发现孩子的兴趣。“我在食品银行做服务工作，是因为我父母认为这写在我的简历上很好看。”来自北卡罗来纳州格林斯博勒的一位青年这样告诉我，“我真希望我父母能让我选择我感兴趣的工作，但他们从不问我喜欢什么。”首先，我们要发现能激起孩子兴趣的东西。是什么让他感到骄傲？他想和别人分享什么？什么时候他更愿意冒险，更愿意体验失败？他早早起床是要做什么？在给孩子分享针对不同类型问题的故事时，我们要注意他的兴趣所在；还需要和老师谈谈，或是问问在不同环境中与孩子有交集的成年人；带孩子体验不同的事物（比如参观艺术博物馆、参加国际象棋俱乐部、阅读天文学书籍、准备美术用品、报名参加一项运动），这可以帮助你找到孩子的兴趣所在，一旦找到，要对此加以鼓励和支持。

第二，注意调整自己。要找到孩子的人生目标，家长不能为孩子做安排，代替孩子做事；要想让孩子充分发挥性格优势，家长需要慢慢退到幕后，由孩子指引我们朝向他想要去的方向。孩子掌控一切时，他更容易茁壮成长。那么，与孩子互动时，你一般处于什么位置呢？

在前方，这样你可以带领孩子朝着目标和梦想前进。

站在一边，这样你可以在需要时给孩子以支持。

在后方，这样孩子指引我们朝向点燃他激情的方向。

如果你在指引孩子，孩子很可能会想：“这不是我感兴趣的，而是爸妈想要的。”找出孩子的兴趣所在，给予支持，然后你慢慢调整自己，直到孩子指引你朝向给他带来活力或赋予他生命意义的方向，我们的目标是充当孩子的辅导员或啦啦队队长，而不是经理或主管。

第三，常问“为什么”。威廉·达蒙称，常问孩子“为什么”有助于衡量他们的兴趣水平，因此，要经常与孩子进行反思性的交谈。“你为什么想打曲棍球？”“为什么摄影在你的生活中很重要？”“你为什么要为那个社区服务？”“你为什么想上那所大学？”也可以让孩子反问你“为什么”，这样你就可以分享你自己的目标了。如果答案是“为了在简历上看起来好看”，那就继续追问：“这是个很好的理由吗？还有更好的理由吗？”

第四，提供多种选择。孩子体验不同的活动有助于他确定自己的兴趣所在，也有助于家长了解什么能给孩子带来快乐。《安静》（*Quiet*）一书的作者苏珊·凯恩指出，不一定要对某事非常感兴趣才做出选择。“强烈的喜爱可以成为意义的深层源泉。”因此，我们要鼓励孩子发展新的兴趣来拓宽视野：写博客、弹吉他、骑马、观鸟或缝被子。我们可以给孩子策划极具体验性的假期，例如帮助仁人家园①建造房屋，在收容所踢足球，和儿科病房的孩子们一起画画；我们也可以与孩子分享国际、国内新闻，了解欺凌问题、环境问题、濒危物种问题等等。此外，让孩子尝试各种家庭服务项目：在特奥会做志愿者，种植蔬菜送给救济中心。我们需要了解是什么激发了孩子的热情，然后给予鼓励。

第五，识别可能的导师。研究发现，有目标的年轻人经常寻找家庭成员以外的人帮助他们找到自己的目标。既然如此，你就把社区、企业、宗教团体或学校里的一些成年人介绍给孩子，支持他实现梦想。如果孩子担心气候变化，那就去大学里找气候学家；如果他关心欺凌问题，那就找学校辅导员；如果他关心家庭暴力问题，那就联系妇女庇护所的社会工作者。与孩子有共同兴趣的成年人也可以帮助孩子制订追求目标的计划。

第六，树立企业家精神。我朋友琳达的孩子梦想当一名医生，她上八年级时，琳达询问儿科医生，她女儿是否可以透过观察箱看他做手术。她女儿现在是一名外科医生了。早期的从业经

---

① 仁人家园（Habitat for Humanity）是一个全球性的非营利住房组织，遍及全球 70 多个国家，其目标是让每个人都有一个体面的住所。

验可以帮助所有年龄的孩子找到他们的激情所在，因此，可以试着带孩子去上一天班，请个成年人分享一下他们的工作热情，或鼓励孩子去做志愿者，找份暑期工作，等等。在 1986 年 7 月，16 ~ 19 岁的年轻人中有 57% 的人在工作，然而到了 2017 年 7 月，只有 36% 的人在工作，这样孩子们就失去了发现自己热爱的职业的机会。

最重要的是，要让孩子知道生命很重要，他可以改变世界。

自信如何成为孩子的超能力

父母都希望孩子快乐、成功，但事实是有些孩子的生活很艰难。我曾经教过有严重情感障碍、身体缺陷和学习障碍的学生，但我发现，能克服这些挑战的孩子，他们的父母往往关注他们的长处——尊重和珍惜使孩子与众不同的特征，这样孩子就能以同样的方式看待自己。无数故事都证实了这个育儿秘诀，下面这个故事也如此。

吉姆天生没有右手，所以他戴着一个金属假肢，假肢呈钩子形状，于是同学们称他为“钩子船长”。他认为自己是有缺陷的孩子，渴望成为一个健全的人，或是两只手都可以运球的控球后卫。“但我不是，也不可能是。”他回忆道。

尽管面临巨大挑战，吉姆还是学会了相信自己。事实上，他长大后成了美国职业棒球大联盟的投手，成了一名传奇投手。吉姆将成功归功于父母，是父母帮助了他，让他能够茁壮成长。

吉姆的父亲决心不让儿子的缺陷影响他进步。和其他邻里的孩子一样，吉姆钓鱼、骑自行车、放风筝，还有打棒球。每当吉姆为自己感到难过或认为“我做不到”时，他父亲就会问：“那么，你打算怎么办？”

“他让我感受失败，因为他相信这样可以教会我成功。”吉姆说。

他的父亲知道一味的帮助无济于事，他的儿子必须先找到自己的长处，然后才能相信自己，这就意味着他需要跌倒才能站起来。

他父母的做法非常有效。“他们认为掌控世界的方法有很多种，”吉姆说，“虽然我的方法有所不同，但并不意味着它没有用。”

他的父母也知道，必须通过其他方法帮助儿子找到自己的长处，在一个意想不到的地方他们发现了这个方法：他的手臂。虽然少了右手，但吉姆有办法将手套套在右臂上，童年时期他经过不断练习，终于可以投球了。投球成为吉姆的核心优势，由此他学会了信任自己、茁壮成长，并最终成为一名出色的投手。

“我的信心减弱时，或者发现给击球手的投球次数超出我应有水平，或是实际情况超出我的预期时，我就会放下棒球，找找问题的关键，并想象自己在金球上自信而坚定地用大写字母写下‘TRUST’（相信）这个词，这样可以提醒我自己，要回归自己的优势，做自己最擅长的事。”

数百名身体有缺陷的孩子向吉姆寻求建议。“相信你自己，相信你能成为自己想成为的人，相信你会变得更优秀。”吉姆这样告诉他们。吉姆所言正是我们必须教给孩子的。

虽然孩子成为超级巨星的概率微乎其微，但发现孩子的天赋则可以帮助他度过逆境，塑造性格，成为最好的自己。建立自信需要孩子们先了解自己的优势，然后将其发展为自己的核心优势，这个过程需要成年人放手，不再保护他们，为他们做安排，随时给他们提供帮助，这样才可以帮助他们茁壮成长，使他们脱颖而出。

按照年龄培养孩子的自信心

多年来，我阅读了很多关于韧性的文章，但一个 6 岁的孩子教会了我帮助孩子茁壮成长的最佳方法。迈克尔长着一双棕色的大眼睛，一头卷曲的黑发，甜美、充满爱心，非常可爱。他在幼儿园时就被诊断出患有严重的学习障碍，于是被安排在我的特殊教育班，那时自我怀疑的种子已经在他心里发芽了。他读书很吃力，而且越吃力他就越退缩。每次我们尝试新的课堂活动时，迈克尔总是不断说："我做不到。大家会觉得我很傻。"这时至关重要的是帮助他认识到自己的优势和积极的品质，但他非常害怕失败，因而无法认识到自己的优势，也不会把自己和积极的品质联系起来。我的任务是想方法帮他脱颖而出，但是该怎么做呢？

有一天，班上正在进行一个艺术项目，他突然放下戒备，铅笔飞舞了起来，瞧：迈克尔会画画！那节课上他很开心，忘记了自己的学习障碍，而这一切都是因为他在做他真正擅长的事情。我帮助迈克尔建立自信的方式就是让他专注于自己的艺术优势而不是学习障碍。我和迈克尔的父母见了面，一起制订了一个计划。他们带迈克尔去了艺术博物馆，给他报了课后艺术培训班（他很喜欢）。我在班上经常开展艺术项目，甚至有几个星期三邀请艺术世家的父母与他一对一交流。

慢慢地，我们都注意到了一个变化：迈克尔比以前快乐了，更积极了，不再犹豫了。在画画的时候，他充满了自信——他在其他时候并没有这样的自信，他甚至让我把他的画钉在公告栏上让所有人都看到。他的自信心开始增强了，这一转变是因同学们和他说，他是一位伟大的艺术家。从那天起，他开始微笑，不再说"我做不到"，他也不再艰难挣扎。很快，他的阅读能力随着艺术能力的提高而不断提升。

这些年来，我一直关注着迈克尔，并确保每位老师都了解他的绘画技能，听说他中学时在县级美术比赛中获了奖，之后就没有了迈克尔的消息。直到多年后的某一天，我收到了他的来信。他在信中告诉我，高中毕业后，他在大学里找到了自己的最佳状态，并以艺术专业毕业。现在，他在一家著名的电影制片厂做动画师，他想感谢我曾做过的一件小事：把他的画贴在公告栏上。这件事我自己几乎都忘了。

“从那天起，我不再担心同学们会认为我很愚蠢。”他这样写道。我反复读着那封信，不禁落泪。迈克尔帮我意识到，与其不断试图“修补”孩子们的弱点，不如花些时间培养他们的优势，帮他们建立自信，使他们有动力继续前进，实现了不起的成就。

发现孩子的独特优势和才能是我们最重要的育儿任务之一。维克多和米尔德雷德·戈策尔夫妇研究了 700 位极具天赋和才华的人的童年，其中包括埃莉诺·罗斯福、温斯顿·丘吉尔、特蕾莎修女、托马斯·爱迪生和阿尔贝特·施韦泽等，他们惊讶地发现，有 3/4 的人在一生中曾遇到过巨大的障碍，有的童年困苦，有的情绪脆弱，有的父母酗酒，还有的有严重的学习障碍。那么，是什么帮助他们克服了困难并取得如此成就呢？从很小的时候起，他们每个人身边都有一个“重要的人”，帮助他们认识到自己拥有的潜在才能，鼓励他们发展这些才能，帮助他们茁壮成长。下面的这些方法可以帮助孩子们认识到自己的独特优势，使他们绽放自己的光芒。

下面的大写英文字母代表每项活动推荐的适合年龄段：

Y代表幼童、学步儿童及学前儿童，S代表学龄儿童，T代表10 ~ 12岁及以上的青少年，A代表所有年龄段的人。

- **界定“优势”。**首先需要定义什么是优势。孩子听到“strength”[①]（优势）这个词时，通常会想到肌肉和举重，因此你要向孩子解释优势也是独特的才能和品质，优势可以使人内心强大。欧洲积极心理学的领军人物伊洛娜·博尼韦尔这样向年龄稍大的孩子解释优势：“在一张纸上用你常写字的手写点东西，然后用你不常写字的手写下同样的内容。优势就是你擅长且容易完成的事情，优势能给你能量，并经常为你所用。一旦你了解了自己的优势，你就可以反复利用它们来帮助你更快地学习。”这个有趣的定义方法适合年龄稍大的孩子。S，T
- **开展优势手指谈话会。**开展“优势谈话会”，以这样有趣的方式提醒年幼的孩子他具有的积极品质。握着孩子的手，孩子的每个手指可代表一个核心优势，而且我们只认可合理合规的优势。例如：“你有很多优点，你是一个很好的倾听者”（握住他的拇指）；“你是个勤奋的人”（握住他的食指）；“你善待朋友”（握住他的中指）；“你有艺术

① strength：有力量、力气的意思。——译者注

天赋”（握住他的无名指）；“你值得信赖，言出必行”（握住他的小指）。要知道，每天晚上睡前，我都和我儿子这么说，并在每个手指上都写上一种特殊的优势。一天晚上，我没有像往常一样用水彩笔，而是用了一支永久性记号笔在他们的手指上写字，他们的老师看到以后都笑了，几个月后还一直跟我提起这件事情。我的孩子们一直要求开展“优势谈话会”，但礼貌地建议我使用可擦洗的笔。我照做了。Y

- **多问“是什么”。**询问孩子为什么做某事有助于孩子树立目标，但J. 格雷戈里·希克森和威廉·斯旺进行的一项研究发现，询问“是什么”类型的问题更可能提高孩子的自我意识。他们要求一部分大学生反思“你是什么样的人？”，结果发现，回答这类问题时，他们更愿意说出关于自我的新信息，以及根据这些新信息采取的行动等。另一部分学生则回答“你为什么是这样的人？”，结果他们花很长时间理顺或否认自己学到的东西，甚至产生了消极的想法。希克森和斯旺总结道：“思考‘为什么’可能还不如根本不思考呢。”所以与其我们问“你为什么喜欢网球？”，不如问“你喜欢网球的哪一方面？”；与其问“你为什么不喜欢学校？”，不如问“你期待上哪一部分课程？”；与其问“你为什么想学萨克斯？”，不如问“你从

学习萨克斯中获得什么乐趣？”。S，T

- **拍照记录优势。**孩子在展示特殊优势时，我们应该拍照记录。如果她是运动健将，所拍的照片可以是她投篮的瞬间；如果她有艺术天赋，所拍照片可以是她画画的场景；如果她很善良，所拍照片可以是搂着朋友坐着的场景。把所拍照片放在家里，也可以鼓励年龄稍大的孩子用照片做屏保，从视觉上提醒孩子自己的核心优势。A
- **创建优势发展档案。**记录学生在学术领域的成长并不是什么新鲜事，但现在许多学校要求孩子创建自身积极品质发展的档案。我参观了新西兰的几所学校，看到学生从幼儿园开始就用照片、论文和视频来记录自己的优势，这份优势档案之后传给下一任老师，便于他们了解学生的核心优势。我们应该保存孩子的优势发展档案。A
- **制作展示优势的悬挂饰品。**用旧衣架和纱线制作一个悬挂饰品。孩子在纸上画好描述自己优势的图片后用纱线挂在旧衣架的钢丝上，饰品做成后，挂在显眼的位置，发现新优势后再添加在饰品上。Y，S
- **制作优势拼贴画。**我们也可以不用悬挂饰品，而是在海报板上制作拼贴画，在上面粘贴图片、照片或文字来展示孩子的优势。有一位妈妈曾告诉我，她女儿自信心不足，于是为她制作了优势拼贴画，只要发现了核心优势，这位妈妈都会在海报板上贴上描述优势的词或图片。她女儿多年来一直珍藏着这幅拼贴画，这位妈妈还惊喜地看到女儿把它带到了大学里。“她感谢我帮助她建立自信，”这位妈妈说，“我很高兴一直努力帮她找到自己的长处。”A

- **家人畅聊孩子的优势。**我们常常询问孩子的成绩和学业成就，但往往忽略和孩子们讨论他们优势的不断提高。我们应该留出些时间和孩子们一起聊聊他们的优势。“你最喜欢哪门课？”“你最喜欢什么活动？”“你期待课堂上进行什么活动？”“你最自豪（最轻松、最艰难）的时候是什么时候？”“你对自己了解多少？”“你在哪方面取得了进步？”“你希望再做什么活动？”我们也可以把问题写在索引卡上，放在篮子里，便于用餐时查看，这些问题的答案有助于我们了解孩子的兴趣和热情。S，T
- **留出展示空间。**在家里的墙上留出一个空间，家人可以张贴和分享他们的才能和技能。将描述家人崇拜的人优势的文章、照片和新闻剪报钉在这个空间里，这样可以鼓励家庭成员不断发挥自己的长处。S，T
- **制作成功日志。**将几张纸对折后钉起来，封面用彩色硬纸，这样成功日志就制作好了！你可以为每个家庭成员都准备一本，便于他们记录自己的优势和成就，小一点的孩子可以画画。来自萨克拉门托的一位父亲告诉我，他制作了一本家庭优势日志，每个家庭成员都写上他们发现的优势，然后在每月的例会上进行讨论。最重要的是，兄弟姐妹们互相指出对方的优势。“你画得越来越好了。你该上一门绘画课！”Y，S

- **培养兴趣爱好。**适当的爱好可以帮助孩子们学会设定目标、管理时间、做出决定，甚至得到放松，也可以培养孩子们的性格优势，使他们茁壮成长。对有韧性的孩子们进行的研究发现，他们的爱好在生活不如意时成了一种慰藉。要想培养孩子的兴趣爱好，首先，让孩子参与各种各样的体验活动——火箭研究、摄影、硬币收藏、木工、艺术和观星——看看孩子对什么着迷。有位父亲告诉我，他家每个月都尝试不同的活动（比如了解有关城堡的知识、练习书法和收集昆虫）来判断孩子的兴趣点，这样做的目的不是强迫孩子对什么产生兴趣，而是要找到他所真正关心的事物。一旦发现孩子哪怕有一丁点儿的好奇心，就鼓励他，为他提供入门的基本材料，向他展示如何开始，和孩子一起参与，然后观察他的兴趣是否会增长。如果是的话，就可以放手了，直到孩子真正产生兴趣，并称之为“我的爱好”为止。A

要点总结

1. 理解、重视并能运用核心优势的孩子更快乐，更有韧性。

2. 只有对孩子有准确的认识，才能培养他的长处，帮助他弥补短处。

3. 真正的自信来自良好的表现，但孩子才是自己成功的实施者和指导者。

4. 只有明确自己的目标，孩子才能走上收获快乐和自豪的道路，并朝着更伟大的目标努力。

5. 虽然我们无法消除困难，但我们可以通过帮助孩子发展和应用他的核心优势来最大程度地减少潜在的负面影响。

最后的话

经验教训有时来自意想不到的地方。我的这条经验教训是我在访问黎巴嫩的夏蒂拉难民营时获得的。当时那里的建筑物上布满弹孔，水不能安全饮用，暴力和吸食毒品事件随处可见，电线在空中危险地摇晃着，到处弥漫着绝望的气氛。然而成百上千个孩子把这个难民营称为“家”，据估计，1/4 的儿童出现了严重的心理问题。我担心他们无法战胜这种混乱状况。

后来向导带我走进一条黑暗的小巷，爬上一段楼梯，我打开手电筒，看到水泥墙上涂满了色彩鲜艳的阿拉伯字母，拼起来的意思是“自由与生活”，这些字母是孩子们涂写的，代表着这扇门背后的东西。我推门走进去，里面是一家儿童国际象棋俱乐部：他们的希望绿洲。

马哈茂德·哈希姆来自难民营，他非常善良，知道孩子们需要安全感、归属感，也需要相信自己，因此他创建了这个俱乐部。狭小的房间里有 12 张桌子，每张桌子上都摆放着一副塑料象棋，放学后的几个小时里，孩子们可以抛开烦恼，体验“自由与生活”。

我问孩子们为什么喜欢国际象棋，他们不假思索就说出了答案。

“国际象棋让我更努力地思考。”

“我发现我数学很好，我可以超前思考！”

“我知道我可以做一些艰难的事，而且我很擅长。”

“我发现我喜欢国际象棋……我永远喜欢国际象棋。”

哈希姆先生的课后俱乐部能帮助孩子们找到战胜混乱的方法，找到他们自己的长处，培养他们对自己的坚定信念。“每个孩子都需要一个像这样的好地方……一个了解自己的地方。”一个男孩平静地告诉我。这就是真理。

每个孩子，不论贫穷还是富有，都必须找到自己的长处，而且得有机会展示自己的长处。那些吸取了这一经验教训的人，比如瑞吉欧·艾米利亚的妇女、哈蒂姑婆、黄石公园的那位父亲、凯文的祖父、ACS 的教育工作者和难民营的哈希姆先生，都不惜一切代价确保他们的孩子也能从中受益。

所有的孩子都会遇到挑战，虽然有些挑战很难战胜，但这些挑战有助于他们了解自己的内在优势，掌握最大限度减少困难的方法。自信是引导孩子成为最好的自己，掌控自己命运的第一个性格优势。在竞争激烈、胜者为王的当今世界，孩子们渴望获得满足感，因此，展现自信对他们来说尤为重要。

第二章

同理心

想着“我们”而非“我自己”

每年，在坦帕市卡罗尔伍德走读学校，芭比·蒙蒂班上的五年级学生都要参加学生主导的学习项目。学习主题完全由学生们自主选择——他们通过阅读、观看新闻、互相讨论来选定项目主题范围，然后共同选择一年中他们要专攻的主题。去年，蒙蒂班上 10 ~ 11 岁的孩子选择了同理心，因为他们觉得同理心在生活中至关重要。

他们还意识到，学生群体中拥有同理心的人太少了。

在这一学年里，同学们研读文章，发现问题，给企业写信寻求支持他们研究和学习的资源。他们发邮件给我，请求通过网络电话和我聊聊我写的一本书《关照他人》（*UnSelfie*），于是我和同学们就这样相识了。《关照他人》这本书是关于教授同理心的，多年来，我一直在研究同理心的好处，对这一议题已经驾轻就熟。我用了一个小时给同学们解释同理心的概念以及培养同理心的方法，起初，我觉得自己讲得还算清楚。

可是当他们开始问我问题时，我才意识到，这些学生的疑虑根本没有消除，相反，他们感到深深的忧虑。

“你认为有同理心的人数在 30 年里下降了 40%，”有个男孩说道，“你难道不觉得成年人应该担心吗？”他们年纪虽小，但明白这种性格优势的重要性。

读了关于有同理心的孩子的故事，他们意识到年龄小也能有所作为。（他们的老师就是这样告诉我的。）读了特雷弗·法瑞尔的故事，他们深受感动，特雷弗 11 岁时在电视上看到一则关于费城街头流浪汉的报道，央求父母开车送他去市中心，看看是否属实。他把自己的枕头送给了一个无家可归的人，那个人表达的感激之情改变了特雷弗。两年后，他组织了一个 250 人参与的行动，为无家可归的人提供食物和毯子。

他们很喜欢克里斯蒂安·巴克斯的故事。二年级时，斯蒂安在操场上放了一条“好友长凳”，这样同学感到孤单时，就可以坐下来向同伴表示他需要朋友。他们也很钦佩 6 岁的迪伦·西格尔，为了帮助患有肝脏不治之症的朋友，他写了《巧克力棒》（*Chocolate Bar*）这本书，为朋友筹集到了 100 多万美元的治疗费。

孩子们理解了性格优势的价值后，就会投入更多精力加以培养。有名学生解释道："这些孩子在实践中表现出同理心。"他们学到了关键的一课：目标不是谈论性格，而是塑造性格。

学生们最后的任务是分享他们在学习中的发现，于是五年级的学生创设了儿童故事、互动游戏、教学活动来教低年级的学生，他们还购买了设有问答环节的游戏，鼓励学生将心比心地思考问题。最后，在家长和学生大会上，同学们分享了关于同理心课程的种种收获。

我问学生们，他们从同理心项目中学到了什么，他们的回答使我充满了希望。"我比以前更有同理心了，因为同理心促使我去了解别人的感受。""我学会了考虑别人的生活经历，这样能更好地理解他们。""这个项目改变了我，我再不会用之前的眼光看待别人了。"

大多数成年人低估了同理心，而这些 11 岁的孩子并没有。他们对性格优势的热情源于芭比·蒙蒂的教导方式，她的同理心课程不是布置一次性作业、长时间的授课或布置一大堆练习题，而是给孩子提供有意义的、积极的、以孩子为主导的体验。课程能否产生实效就是看孩子们能否在没有成人的帮助下独立加以运用。一位母亲证明了蒙蒂老师课程的实效，她分享了女儿参加这个项目以来发生的变化。

一个无家可归的人站在我们店外，瑞秋想给他买午餐，我们照做了。她把午餐送给了那个人，流浪汉非常感激。瑞秋也非常高兴能给别人带来快乐：她真的笑了！她解释说："妈妈，我是在践行同理心。"我知道女儿的内心发生了变化。我想谢谢您。

将同理心付诸实践永远是孩子们学习的终极目标，也是茁壮成长者思维模式的核心。但为什么是这种优势呢？我们知道，它对孩子们的快乐和成功都至关重要，而如今，却鲜少在孩子们身上看到。

什么是同理心

大多数人把同理心描述为能发自内心地"感受别人的痛苦"，这种重要的性格优势有三种不同的类型，我称之为同理心 ABC。

- **A = Affective Empathy（情感同理心）**。即能分享他人感受，感受他人情绪
- **B = Behavioral Empathy（行为同理心）**。即对共情的关注，能唤起我们的同情心并促使我们采取行动
- **C = Cognitive Empathy（认知同理心）**。即能理解他人想法或设身处地为他人着想

任何一种同理心都有助于孩子们互相关心，充满人文关怀，同理心 ABC 也是我们教育孩子的最好方式。

孩子告诉你，她的“朋友们”不和她一起吃午餐，她只能一个人用餐，说完，她蜷起身子哭了起来。几秒钟之内，你就能体会到她的感受，和她一起落泪，这样你就分担了孩子的痛苦。同理心 A，即情感同理心（通常称为“情感素养”）指同理心的情感部分，它促使我们“感受”他人感受，这种同理心在儿童时期就开始发展了。我记得得知我妈妈生病时我哭了，此刻，尚在蹒跚学步的孩子爬到我膝盖上，拍拍我的脸，好像感觉到了我的痛苦般，也和我一起流泪。我们与另一个人紧密联系在一起，在短时间内“合为一体”，这是人类独有的感受。斯坦福大学心理学家贾米尔·扎基指出：“我们的大脑甚至会对彼此的痛苦和快乐做出反应，就好像我们自己也在经历这些状态一样。”同样，另外两种同理心也是可以培养的。

比如，7 岁的孩子在看龙卷风的新闻，看到一个孩子站在房子外面，房子现在已是一片废墟。“哦，妈妈，”他难过地说，“我知道失去一切会是什么感觉。”又如，十几岁的孩子跑到邮箱前，发现期待已久的信，信封上印着他多年来一直梦想去的大学的标志，你焦急地看着他撕开信封，突然间感受到了他的忐忑不安。“他们会接收我吗？”“这一切都值得吗？”“如果我被拒怎么办？”你站在孩子的立场上，理解他的观点，接受他的观点，这就是同理心 C——认知同理心（通常称为“换位思考”）。认知同理心比情感同理心更复杂，需要长时间才能被培养，但它是理解他人、与他人建立关系、减少冲突的有力工具。

第三种类型就是我所说的同理心 B，即行为同理心（通常称为“共情关注”）：你能看到、听到或感觉到某人的痛苦，因而你想做些什么来帮助他。蒙蒂老师班上的学生瑞秋称其为“践行同理心”。她看到了那个无家可归的人，从他的肢体语言和面部表情中读出了“我又孤单又饥饿”，她的同理心被激发。瑞秋想帮助他，于是让妈妈给他买了吃的。行为同理心激发出我们最好的自我，使世界更人性化，也使孩子们受益良多。

同理心绝不是无力、浅薄的，它会影响孩子们未来的健康、财富、真正的幸福和对人际关系的满意度，还能培养他们克服挫折的韧性。它还能减少压力，增强信任，激发创造力，促进人际关系，培养善良的品质，提高亲社会行为，加强道德勇气，是对抗欺凌、侵略、偏见和种族主义的有力武器。同理心还能有效地预测孩子们的阅读、数学测试成绩和批判性思维能力，促使他们更好地迎接全球化的挑战，并在就业市场上占据先机。正因为如此，《福布斯》敦促企业采取同理心和换位思考的原则，《哈佛商业评论》将同理心这一优势称为“领导力成功和出色表现的要素之一”，美国医学院协会将其列为一项重要的学习目标。这也是我们为孩子们的同理心正在下降而担心的重要原因。

研究人员收集了数千名美国大学生同理心水平的数据，然后将他们的得分与出生年代不同但年龄相同的大学生的得分进行了比较。结果发现，在 30 年里，美国年轻人的同理心下降了 40% 以上，而自恋情结上升了 58%。他们的心理健康水平也在直线下降：1/3 的美国大学生表示，他们经常感到焦虑；1/8 的人经常感到抑郁。事实上，如今 18 ~ 22 岁的年轻人之间比任何一代人都疏远，他们更感到孤独寂寞，更加自我封闭。这些早在因疫情人们需长期隔离之前就发现了：孩子们和同龄人之间关系变得疏远。这表明，人际关系是茁壮成长的关键。

我们把这些线索联系起来：随着同理心水平下降，压力和倦怠感就会上升。这就是青少年所描述的现状。一个 15 岁的孩子说："总有事情要做，我已经疲惫不堪，我没有时间做我'自己'。"一个 14 岁的孩子说："从不停歇的节奏使我精疲力竭。"一个 12 岁的孩子说："我真希望有更多的时间和朋友们在一起，可我们只能发短信联系。"试图培养"成功"却没有同理心的孩子们，反而会降低他们的韧性，增加他们的孤独感和空虚感，所以他们会感到精疲力竭。同理心的性格优势正在瓦解，我们的孩子正在受难。

为什么同理心很难教会

伤害我们的可不是一件事，而是好几件事一起。成年人最好帮帮我们，我们自己好像已经没有动力了。

——蕾拉，13 岁，华盛顿

我有幸向五大洲的 100 多万名家长和教师讲过同理心、性格和韧性。多年来，世界各地的人们都会提的一个问题是：“同理心真的能教会吗？”大多数父母和教育工作者认为，孩子的同理心由无法破解的基因密码决定，他们对于这种特征竟然是可以培养的，感到很是惊讶。他们还认为，女儿会比儿子更有同情心，孩子们读到《夏洛特的网》的结局时，没有哭的话，说明他们没有同理心，而且过了一定年龄（比如十几岁），再培养同理心为时已晚。但科学发现证明所有这些育儿理念都是错误的。

同理心是可以培养的，在不同年龄段，孩子会表现出不同的同理心，基因在其中所起的作用很小。一项研究发现，人与人之间同理心能力的差异只有 10% 是基因造成的。这意味着父母的培养和自身经历是决定孩子感受他人能力的关键。男孩的同理心是否低于女孩仍有争议，但后天培养的作用是毋庸置疑的。“男孩子不哭”的信念很早就深深植根于我们的文化中，而培养这种性格优势永远不会太晚。事实上，最具同理心的是五六十岁的女性。同理心研究者萨拉·康奈斯解释道："中年女性经过多年的实践练习后拥有很高的同理心，这并不奇怪。"这是因为同理心就像我们的肌肉一样——用得越多，它就越强壮。

的确，同理心是可以教会的，但我们文化中的一些有害因素会降低孩子感受他人的能力。以下三个因素可以说明这一关键性格优势为什么会减弱，以及孩子的空虚感为什么会增强。

一、竞争激烈的世界推行"你我竞争"

竞争已被证实会减少同理心，而孩子们正成长在一个由选拔性考试驱动的社会中，这种考试促使他们相互竞争。

一天，14岁的格雷森伤心地问我："如果朋友和你是竞争对手，你该如何与他相处？"我反复听到孩子们表达这种疑问，尤其是高中生，而初中生甚至小学的孩子们也如此。"你我竞争"的心态很早就萌芽了，这越来越毒害年轻人和他们的心理健康。

难道竞争精神不是对孩子有益吗？我不太确定。研究表明，"我比你强"的心态会使孩子以自我为中心，加剧孤独感，减少利他行为，并带来空虚感。80多项研究结论都不支持"竞争对成功至关重要"的说法。

《不要竞争：反对竞争的案例》（*No Contest: The Case Against Competition*）一书的作者阿尔菲·科恩写道："与那些竞争性学

习或独立学习的孩子相比，合作学习的孩子学得更好，自我感觉更好，彼此也相处得更好。”

攀比也会削弱同理心。学校现在在网上公布成绩，家长可以查看孩子的成绩和分数。青少年们告诉我，电子评分系统只会使他们压力更大，竞争更激烈，让他们更感倦怠，他们恳求我们，停止对他们无休止的检查和比较。

来自得克萨斯州奥斯汀的16岁的萨拉说："我参加了第一次阶段性测验，到了第三次阶段性测验时，我妈妈就发短信问我朋友们的分数是不是更高。"

来自佛罗里达州奥兰多市的15岁的伊莎贝拉说："老师在第三节课上发布了成绩。我知道我妈妈看到了，所以那一整天我都心神不宁。"

来自波士顿的16岁的杰罗姆说："我爸爸把我的成绩和我朋友们的成绩进行比较，但我真的已经尽力了。"

孩子们渴望得到我们的认可，也需要得到同伴的支持。但是，当一切都变成胜者为王的竞争时，人际关系就会恶化，空虚感就会增加，那样，不会有真正的赢家。

二、科技弱化了人际关系

我们这一代人非常信奉虚无主义。我有个朋友的衬衫上甚至写着："世界上最伟大的虚无主义者。"我想这是因为，在这么年轻的时候，接触大量的社交媒体和新闻导致了人格解体。我们真的需要看到美好的一面。

——玛丽·凯瑟琳，17 岁，佛罗里达州波卡拉顿

通向同理心和茁壮成长的大门是人际关系，但科技使孩子们的社交生活发生了巨大改变，也增加了他们的空虚感。在青少年中，高达 95% 的人拥有电子设备，约 70% 的人每天多次使用社交媒体，38% 的人每小时多次使用社交媒体，超过一半的人甚至承认电子设备“经常让我分心，而我本该关注身边的人”。就在 7 年前，近一半的青少年喜欢面对面交谈，而如今，与朋友交流时，他们最喜欢的方式是发信息。虽然我们过去不鼓励使用电子产品，但在疫情期间需要远程学习，由此他们过度依赖虚拟交流，不再进行孩子们渴望的面对面交流。

心理学教授珍·特温格指出，4 项大型研究表明 :“每天课余时间使用半小时到两小时的数字媒体，孩子的幸福感和心理健康水平最高，一旦超过这个时间段，幸福感就会随之稳步下降，上网时间最长的青少年幸福感最差。”另外，社交距离也会进一步降低孩子的心理健康水平和幸福感。

来自亚特兰大的 12 岁的卡拉说 :“我们生活中的大部分时间都在玩手机，没有真正的人际交往，这可能就是我们压力大的原因。”来自芝加哥的 16 岁的杰瑞德说 :“我们需要真正的人际交

往，躲在原地和远程学习只会让我们更孤独。”孩子们一致表示同意他们的说法。

并不是父母和教育工作者对此漠不关心，而是我们经常为如何限制孩子使用电子产品所困扰。一些家长聘请了“屏幕顾问”（每小时费用高达 250 美元），学习如何在远离科技的情况下填补孩子生活中的数字空白，这些昂贵的顾问建议家长如何说呢？可以试试这些说法：“那里有球吗？把球扔过来！”“把球踢过来！”

省下这笔钱吧，不要再让孩子过度和过早使用电子产品了，然后你会看到孩子的同理心和幸福水平在提高。

三、过多表扬会适得其反

如果说育儿俱乐部有什么共同点的话，那就是都非常爱孩子们；如果不让孩子们经常知道他们很特别、被爱、被重视，我们就觉得自己的工作没有做好。一些所谓的育儿“专家”建议，父母可以用 10 句正面的表扬来反驳对孩子负面的评论。有位妈妈甚至和我说，她在墙上贴了个“10”来提醒自己遵守这个“神圣比例”。但我们所有的好意，最终都会适得其反。

来自加州纳帕的 12 岁的索菲亚说：“我们这代人更加以自我为中心，人人都认为自己更好，部分原因是我们习惯了事事受表扬、得奖励。”

现在上大学的孩子是有史以来最自命不凡、最自我的一代（即对自我的看法积极，但往往过分夸大）。以自我为中心者只对他们自己能得到的东西感兴趣，而且总是觉得自己比别人优越，在近 30 年里，大学生的自恋率增长了近 60%。毫无疑问，过度关注自我会侵蚀同理心，减少亲社会行为，建立虚假的自信，增加空虚感，但是以自我为中心的心态并不是基因引起的，罪责只能归于我们自己，这种心态不是源于孩子们不被爱，而是源于他们不断被提醒："你很特别、你有资格、你有价值、你更好。"我们应让孩子们知道他们被爱、被珍惜，但不是比别人更好，更优越或更有价值。

还有，请不要只表扬孩子的成绩和分数！我们习惯于询问孩子"你有什么收获？"，而不是"你做了什么关心他人的事？"。只关注孩子的成就而不认可他的性格会给他传递"成绩重于善良"的信息。哈佛大学的一项研究甚至发现，81% 的孩子认为，父母把成就和幸福看得比关心他人更重要（尽管 96% 的父母说他们最希望孩子有爱心）。好吧，孩子们并没有听到这个信息，他们迫切希望我们重视他们自身。来自迪尔菲尔德的一位青少年的话让我心碎："我希望妈妈在我表现好的时候认可我。我不仅仅是一个分数，我希望得到更多的爱！"

如何教会孩子同理心

还记得前面讲过的同理心 ABC 吗？令人欣慰的是，我们可以运用这些工具使孩子们在生活中践行同理心，即教会他们识别和感受他人的情感（情感素养），要求他们设身处地为他人着想（换位思考），真正在日常生活中将同理心付诸行动（共情关注），这三种能力教会了，同理心实际上就建立了。把这种性格优势和书中讨论的其他优势——自信、正直、自制力、好奇心、毅力和乐观——结合起来，乘数效应就会发挥作用，我们就更可能培养出茁壮成长者，他们不仅快乐，而且还能超越自身，做出非凡的贡献。

一、学会识别他人情感

在学会感受他人感受或换位思考之前，孩子们必须先学会理解面部表情、手势、姿势和语调中的非语言暗示。"她看起来很紧张""他听起来很沮丧""他们好像很生气"，读懂他人情感的能力被称为"情感素养"。能识别情绪的孩子更有可能表现出同理心，所以他会帮助、安慰和关心他人。"我会给她个拥抱""我会问问他感觉如何""我会看看他们是否需要帮助"。

第一种能力其实很容易教会，也能激发同理心。这是我从学生那里学到的。

10 年来，我一直从事特殊教育，孩子们的年龄在 6 ~ 12 岁，有的贫穷、有的富有，他们有情绪、学习和行为方面的各种问题。我了解他们所面临的挑战，也看到了他们经常掩饰自己的感受、掩盖自己的痛苦。为了亲近他们，我必须了解他们的情绪状态。于是，有一天，我用一个长纸板，做了个“感觉温度计”，从下到上画了六张带表情的面孔——高兴的、悲伤的、紧张的、害怕的、沮丧的和生气的，在衣夹上印上学生的名字和我自己的名字（为什么不呢？），然后夹在纸板上。“这是我们的感觉温度计，”我解释道，“大家只需把自己的名字夹放在自己现在真实的感受旁边，我们就可以互相了解和多多关照了。”

孩子们起初有些怀疑，但慢慢地开始用名字夹分享自己的感受了。我会经常查看“温度计”，看看谁过得不太好，然后尽力帮忙。有一天，我发现学生们围在一个同学身边。

他们解释说：“伊森看起来很伤心，我们想让他开心起来。”一个简单的纸板游戏帮助他们了解了自己的感受和同学的感受，一旦他们学会解读情绪，他们就变了，焦虑少了，爱心多了，人际关系改善了。这一切都是因为一个纸板做的感觉温度计。这就说明了识别情感为何能引起共情关注。

多年后，我在一所贵族学校遇到了一群喜欢玩电子产品的芝加哥青少年，他们无法“读懂”对方，于是辅导员带着她的伯恩斯山地犬来帮忙。人类的很多交流都是非语言交流，通过面部表情、肢体语言、手势来进行。有研究表明，狗能帮助孩子们解读非语言的情绪暗示，狗这种 4 条腿的动物还能使我们这孤独的一代人感到安全、彼此紧密关联，甚至能从创伤中愈合。你曾在照片上看到救援犬向遭遇校园枪击或经历疫情不幸的学生打招呼，这就是其中的原委。

我看到十几岁的孩子在和狗说话，旁边的一个男孩小声说："很悲哀，不是吗？我们需要通过狗来学会与人交往。"我表示赞同。孩子们需要情感词汇来学习社交能力，而且面对面学习效果最好，从孩子们还小的时候开始，父母就可以采取一些具体的措施，帮助他们掌握这些词汇。

- **说出感受。**首先，有意在上下文背景中给情绪命名，帮助孩子扩展情绪词汇："你很开心""看起来你很沮丧""你好像很不安"。这个过程称为情感训练，对孩子进行情感训练的父母会更快乐、更有韧性、适应力更强。
- **提问问题。**"这件事让你感觉如何？""你焦虑／紧张／担忧／悲伤吗？""你似乎很害怕，我说的对吗？"帮助孩子认识到所有这些感受都是正常的，令我们烦恼的是选择什么词汇来表达这些感受。
- **分享感受。**孩子们需要合适的时机以安全的方式表达自己的感受。父母可以和孩子分享自己的感受："我没睡够，所以很烦躁。”“我对这本书很失望。”“我很担心奶奶。”也可以问一些需要孩子回应的问题：“你感觉怎么样？”“你压力大吗？”“从 1 到 10 打分的话，你的焦虑程度是几分？”一旦孩子习惯了分享他的感受，就把代词换成“他”“她”或“他们”。“他，感觉如何？”这个小词的调整可以帮助孩子考虑他人的需求和担忧。

- **关注他人。**在购物中心、图书馆或游乐场，让孩子指出他人的面部表情和肢体语言：“你觉得那个人感觉如何？你有过这种感觉吗？”然后把观察感受变成一场游戏，“我们猜猜她的感受”“看看她的肢体语言”。关掉电视的声音，从看到的画面推测演员的感受，“他感觉如何？”“你觉得他为什么会有这种感觉？”。

二、限制使用电子产品，鼓励面对面交流

我途经西雅图的一所高中时，数百名学生正准备去上课，大多数学生在用手机发信息，有少数学生没有使用电子产品，我微笑着向他们问好。但在我经过的整个过程中，没有一个孩子回应。最后，我把一个十几岁的孩子拉到一边，问道：“为什么都没人打招呼呢？”

她回答道：“我们不习惯和别人交谈，因为我们总是在低头玩手机。”

如今玩电子产品的孩子们不再进行面对面交流了，他们在屏幕上的每一条文字、每一次滑动、每一次点击都会降低他们“读懂”彼此情感的能力。孩子无法从表情符号中学到情感。由于科技因素，当今的孩子成为最孤独、最缺乏同理心、有史以来心理问题最为严重的一代。研究清楚地表明：很少看屏幕和经常进行面对面社交互动的人不太可能患抑郁症或自杀。

14 岁的夏洛特和我说：“只要彼此倾听就会有帮助，但我们太沉迷于电子设备了，失去了交往的能力。”她的朋友哈珀表示同意：“我们总是在发信息，看不懂对方，甚至和朋友出游的时候也在玩手机。”之后疫情就来了。为了孩子们，我们帮他们在现实生活中建立人际关系吧。

- **设置明确的电子产品使用限制。**目前，在美国 8 ~ 12 岁的孩子平均每天花在电子媒体上的时间不到 5 小时，青少年花的时间约为 7.5 小时（不包括在学校使用电子产品，或完成家庭作业和远程学习中迅速增长的使用电脑的时间）。通过一周时间，记录每个家庭成员使用电子设备的频率，然后确定新的家庭成员可以使用电子设备的总分钟数，以及不可以使用电子设备的具体时间、环境和地点。吃饭时间、家庭聚会、完成家庭作业和睡觉时间通常是“家庭神圣的、谢绝电子设备的时间”。让每个家庭成员都签署一份电子产品使用合同，作为参考并坚持下去，成年人也包括在内！

- **与其他家长合作。**找到志同道合的家长，共同执行同样的电子产品使用规则："孩子们来玩时，把手机放在盒子里，他们走后才能拿出来。"一个大学联谊会制定了这样一条规定："大家在一起时，所有手机都放在桌上，第一个拿手机的人支付所有人的餐费。"于是他们很快就恢复了面对面交往！
- **建立家庭联系。**家庭聚会时，把电子设备放在看不见的地方或放在抽屉里，恢复之前的面对面交谈。艾奥瓦州的一位妈妈把印有谈话开场白的卡纸放在桌上的篮子里，然后，家庭成员轮流抽一张谈话卡，谈话开场的话题无穷无尽："你一天中最棒/最困难/最有趣的是什么？为什么？""如果你有一种超能力，那会是什么？""如果你可以去任何地方旅行，你会去哪里？"一定要邀请孩子一起参加谈话开场白。如果因日程冲突，大家不能一起吃饭，那就从晚上的"见面和问候"开始，大家在晚上固定的时间聚在一起进行交流。
- **进行视频通话。**把定期拍摄的家庭照片发送给远近的其他家庭成员，或者接收他们发来的照片。鼓励孩子进行视频通话，这样你们就可以在现实生活中进行面对面交谈。（“看看奶奶的脸色，你就知道她累了，该说再见了。”“听听贝蒂阿姨的语气，你就知道她什么时候疼痛了。”）

- **鼓励建立“实时”同伴关系。**确保孩子有机会享受面对面的同伴互动。为年幼的孩子安排集体玩耍、图书馆阅读、公园郊游类的活动。随着孩子年龄的增长，可以安排有利于团队建设的运动、露营、团体音乐或舞蹈课程。孩子们迫切需要读懂彼此，学会交往，从而保持同理心。12岁的艾比说：“我们不擅长互相交流，比如握手、对视、花时间和别人交谈，我们应该练习一下。”即使在保持社交距离的情况下，我们也可以创建小组互动，因健康原因无法在现实生活中交流时，可以用视频会议和网络电话来替代线下交流，孩子们可以通过视频会议拓展兴趣爱好、举行读书俱乐部讨论、玩游戏和一起做虚拟项目。

三、模仿同理心倾听的行为

充分倾听是帮助我们感受和理解他人观点的最好方法之一。虽然倾听不能保证会产生同理心，但它距离产生同理心已不遥远。为了成功产生同理心，孩子必须放下手机，丢掉“我比你强”的观点，专注于说话者。同理心倾听者通常运用我所说的“4个L”，因此，我们可以分别教会孩子每个“L”，然后进行大量的练习，最终帮助孩子能同时使用这 4 个“L”。

Look eye-to-eye（眼睛直视对方）。用眼神交流让说话者知道你很感兴趣。我们可以这样教孩子“始终看着说话者的眼睛”，或者告诉孩子，看着说话者两眼之间的某个点，也可以看着说话者头部后面的墙。这个技巧有助于孩子练习凝视说话者的眼睛，而不是盯着说话者看（这表示高度警惕或有攻击性）或看向别处（这意味着你不感兴趣）。这项技能需要实践，也需要尊重文化价值观。

Lean in（身体倾向对方）。向说话者微微弯腰、点头，表示你感兴趣，然后微笑。友好的肢体语言让说话者知道你很在意。双臂和双腿自然摆放让你看起来更放松，不那么紧张，更容易接受对方，同样，说话者也会更认真地对待你。

Learn one common thing（了解共同之处）。思考说话者所说之事，而不打断他；转述他的主要观点，“你是说……”“你认为……”“我听到……”，试着了解有关说话者的新情况或者你们的共同之处，并分享你的发现，“我们都喜欢……”“我们有同样的……”“我不知道你也……”。

Label the feeling（说出你的感受）。确定对方的感受有助于核实自己的判断是否正确，“你听起来压力很大”“你好像生气了”“你看起来很开心”；必要的话，表现出对说话者的关心，“谢谢你分享”“我能帮忙吗？”“很高兴你告诉我”。

四、设身处地为他人着想

我喜欢电影《死亡诗社》（*Dead Poets Society*）里的一个场景，老师跳上桌子，试图向他所在名校的高中生传达这样的观点：“我为什么要站在桌子上？”孩子们给出了几个并没有说服力的答案。“不，”他说，“这是因为我们必须始终以不同的方式看待事物。”换位思考是同理心的思考或认知部分，它帮助我们走出自己的世界，理解他人的感受、想法和愿望。

具有换位思考能力的孩子们学习能力更强，成绩更好，适应能力更强，与同龄人的关系更健康（这是心理健康的核心），他们更加开放，很少评判他人，不容易与同伴发生冲突，与他人相处得更好，更受大家欢迎。这一切都是因为他们能理解他人的需求。

孩子在幼儿园结束时开始能理解他人的观点，到 8 岁时，对该能力的运用就更加熟练了，但这种能力必须经过锻炼和拓展。事实上，我们更容易同情那些和我们一样的人，那些与我们在性别、年龄、收入、教育、种族、宗教信仰方面相同的人。正因为如此，我们必须扩展孩子的舒适区，毕竟，世界是多样化的，孩子们成长在种族主义和社会不公正普遍存在的时代。那么，我们如何帮助孩子站在与自己不同的人的立场上呢？博物馆负责人给了我们最好的答案之一。

位于华盛顿市中心的美国大屠杀纪念馆为年轻人举办了一场展览，名为“记住丹尼尔的故事”。我参观了好几次这个互动展览，参观时，我总是走在学龄儿童后面，观察他们的反应。你真的会站在生活在纳粹时期德国的一个犹太男孩的立场，通过他的日记来讲述这个故事，走进丹尼尔的世界。看到了他的房间、家人、朋友、学校、书桌和书籍，在阅读他从 1933 年到 1945 年间写的日记时，你意识到你们有相同的想法、感受和需求。

然后展览进行到一半时，音乐变得低沉，灯光变暗，你意识到“与你相似的新朋友”出事了，纳粹来了，犹太家庭被送进犹太人聚居区，你开始为丹尼尔担心。展览的最后一个房间又黑又冷：你来到奥斯维辛 - 比克瑙集中营，看到三个年轻的犹太男孩的头像。我看到过无数孩子受到了惊吓，不敢相信“他们的朋友”遇到了迫害。有个男孩小声问：“是丹尼尔吗？”两个女孩手牵着手哭了，另一个孩子悲伤地摇了摇头。房间里充斥着泪水、叹息和啜泣，“我”变成了“我们”。这就是人性！

最后一个房间里备有纸和笔，供大家留便条用，墙上贴满了孩子们写的信。

“我听了你的故事，我哭了。我无法想象这对你来说有多艰难。”

“我们不会忘记……永远不会。爱能战胜邪恶。”

“我保证这种事不会再发生了，我们支持你！”

孩子们开始了展览之旅，遇到了一个生活在不同时期、不同国家的犹太男孩。但随着他们对丹尼尔的生活体验的进行，丹尼尔变得真实了，于是“他们”变成了“我们”。丹尼尔遭受不公平对待时，他们非常生气；丹尼尔受苦时，他们想给予帮助；丹尼尔被流放时，他们怒不可遏，这就是换位思考的力量。博物馆的经历证明，这种能力可以根据孩子的不同年龄，通过有意义的方式来培养。

五、期待孩子关心他人

科学证明，如果父母更期望孩子关心他人，他们培养出的孩子则具有更强的道德认同和换位思考的能力。这种方法从幼儿到青少年都很有效，而且可以在任何地方使用（如果冷静、威严地采用的话），它包括三个步骤，分别是指出、描述和重述。

第一，指出不关心他人的行为。不再进行拙劣的说教，相反，我们应该坚定地声明，并清楚地解释为什么不赞成这种漠视他人的行为：“大喊‘利亚姆不会击球’是很刻薄的。”“让杰克走开是很冷漠的。”“在爷爷说话时发信息是很不礼貌的。”

第二，描述这些行为的影响。指出孩子的行为对他人的影响是培养同理心的一个简单且行之有效的方法。当学龄前儿童抓起玩伴的玩具时，告诉她：“你让她伤心难过了。”6 岁的孩子排斥同龄人时，对他说：“如果别人这样对你，你会有什么感觉？”

孩子理解了这些影响后，就可以转而谈论受害者的感受了。当10 多岁的孩子发送了一条冷酷无情的信息时，你可以问他："你觉得莎拉读到这条信息会有什么感觉？"

第三，重述对关心他人的期望。明确表示对孩子不关心他人的行为感到失望，并说明你的期望。"我对你的行为感到失望，因为你是一个有爱心的人。""你知道我们关于善意的准则，你可以做得更好。""你找你朋友的麻烦，我很不高兴。我希望你能将功补过。"不要为自己这样做感到内疚，因为科学研究发现，促进孩子关爱行为的最有力因素之一是父母做出"失望声明"。所以，对孩子重申，你希望他能关心他人，并且弥补所造成的任何伤害。

六、想象他人感受

加州大学洛杉矶分校的名誉心理学教授诺玛·费什巴赫（Norma Feshbach）对数百名孩子进行了研究，他发现，如果角色扮演的经历能帮助孩子认识、理解和接受他人的观点和感受，那么角色扮演就能提升同理心的"思考部分"。费什巴赫的策略很简单：比如孩子从不同角色的视角复述故事，从同学的视角表演情景，猜测同伴可能想要什么礼物以及为什么。下面提供了更多的方法来帮助孩子看到"另一面"。

- **深入他人思想**："想想如果角色互换，对方会有什么感受？"
- **利用书籍**："让我们从三只熊的视角来讲述这个故事。他们会怎么说？"
- **互换角色**："假装你是莎莉，会怎么说，怎么做？"
- **使用道具**：用鞋子、椅子、围巾、帽子，从"对方"视角演绎发生的事情。
- **结合玩偶**："假如奥利维亚是兔子，你是泰迪小熊，让他们来讨论解决方案。"
- **使用椅子**："坐在椅子上，假装你是我，你感觉如何？"
- **找到视角**："换位思考。当你儿子说话粗鲁时，你会是什么感受？"

你也可以运用角色扮演，让孩子理解你的观点。密歇根州弗林特市的一位妈妈吉尔说，她十几岁的孩子迟到了，但她不明白妈妈为什么这么不开心，于是吉尔告诉她："'假装你是我，天黑了，我的女儿不见踪影，音讯全无。我会怎么想，会有什么感受？'我女儿坐在我的椅子上，手里拿着手机，假装是我。她向我道了歉，承认她从来没有考虑过我的感受，从此以后，她再也没有迟到过！"

七、激发感恩之心

对数百人进行的研究证实：感恩能增强同理心、乐观精神，并帮助我们考虑他人的感受；它还能减少物质主义，减少以自我为中心，缓解焦虑、抑郁和孤独的感觉，因而能改善心理健康、增强韧性、减轻倦怠感。多换位思考，以及常怀感恩之心有助于孩子们去思考给予者的行为动机。

- **家庭感恩祷告**：每个人都在吃饭或睡觉前说一说当天发生的令他感激的事情以及原因。
- **感恩氛围**：每个人说出一个他感激之人及其原因，把每个人的评论都记录在家庭感恩日记里，便于一起回顾感恩的回忆。只要保持两周，就能改善健康、减轻压力、增加幸福感。
- **“鼓掌！”**：年纪较小的孩子可以竖起一根手指来表示他感恩的一件事情及原因，这有助于鼓励他在任何情况下都能发现事情的积极面。

八、将同理心付诸行动

我们可以分享和理解他人的痛苦和需求，但真正衡量同理心的标准是我们何时去帮助、安慰、支持或安抚他人，这种非凡的能力是第三种同理心——行为同理心（或共情关注），也是同理心中最重要的一种。印第安纳大学的萨拉·康奈斯教授整理了近1.4万名学生自我报告的同理心分数，其结果令人担忧。至2011

年，接近 75% 的大学生认为自己比 30 年前的学生更缺乏同理心。而在三种同理心中，共情关注下降得最快。

我访谈过的每个秉持着利他主义的孩子都说，他在面对面帮助他人的那一刻起就改变了，无论是给无家可归的人一条毯子，给住院的朋友一个玩具，还是给老人读一本书，孩子们坦言这样的经历改变了他们。社会心理学家乔纳森·海特称之为“提升”或“温暖的振奋感，即在看到人类美好、善良、勇气或同情等意想不到的行为时所体验到的感觉。它促使人们去帮助他人，从而成为更好的人”。10 岁的米娅这样描述她体验到的那一刻：“我把多余的书送给收容所的孩子们时，他们感激的眼神让我意识到我是一个充满爱心的人，这让我感觉良好。”这样的时刻可以使孩子们从情感同理心 A 或认知同理心 C 转到行为同理心 B。

行为同理心还有意想不到的学术好处。宾夕法尼亚州立大学进行的一项研究发现，表现出亲社会行为的幼儿园孩子，获得大学文凭的概率是其他孩子的两倍，25 岁前找到全职工作的概率又高出 46%，但孩子们共情关注提高的主要原因是这样做会带来一系列积极的好处，包括幸福感、更健康的人际关系、更好的抗压能力，以及充满快乐和意义的生活——这正是促使精疲力竭的孩子们茁壮成长所需要的。

第一，开启面对面体验。与孩子面对面地开展与他们相关的项目（不是那些我们喜欢的或者在大学申请中看起来“不错”的项目）是激活共情关注的最好方式。11 岁的约书亚解释道："我们在学校为有需要的人打包箱子；我把我的箱子送给了街上的人，他感激的神情使我感觉良好，我知道了原来自己也能有所作为。"因此，要为孩子找一项有意义的服务活动，让孩子直接接触到受援者，这样他就能感受到"做好事"的快乐。这项活动可以是把他收集的玩具送到儿童收容所、在敬老院读书，或者给生病在家的邻居烤饼干。可以全家一起在当地的食品银行、儿科医院做义工，或者帮孩子发起一项集体募捐活动。与有相似年龄孩子的父母建立联系，并在你所在社区找到以团队来做的捐赠项目，但要让孩子担当给予者。

第二，指出影响。《善与恶心理学》（*The Psychology of Good and Evil*）一书的作者欧文·斯图博发现，如果孩子们有机会帮助他人，他们往往会变得更加乐于助人，尤其是当有人指出他们帮助他人行为带来的影响时。以有意义的方式做贡献也已证明可以减少压力，增强韧性。因此，我们要帮助孩子反思他的助人经历："你帮助别人时，那个人是怎么做的？你觉得他是什么感觉？你感觉怎么样？"来自休斯敦的一位妈妈说，她给孩子和受助人拍了合影，还把照片装裱了起来。她说："这些照片照亮了他的生活，让他牢记自己的善举。"

第三，赞美关怀行为。我们过于执着于培养"学术精英"，使得同理心在育儿过程中的地位一再下降。父母和我所说的很能说明问题："孩子们有那么多作业，你怎么还会指望我们教他们善良呢？"来自格林斯博勒的一位妈妈这样问我。她把事情搞反了。培养共情关注首先需要我们有意识地做出努力，让孩子们知道在我们眼里关怀他人至少是和获得成就一样重要的。只要孩子们在实践中表现出"同理心"，比如帮助、关心、安抚、协助和安慰，我们就需要表示认同，让他们知道我们是重视亲社会行为的。

第四，不断提供关怀的机会。孩子们通过重复行为学习同理心。无论是帮助兄弟姐妹，为生病在家的邻居打扫庭院、在园子里帮忙，还是为庇护所收集毯子，孩子们的共情关注会随着不断出现的机会而增加。我们对待孩子的学习和运动总是充满热情，同样，我们要满怀热情地寻求各种方法，激励孩子帮助和关怀他人。来自加州圣何塞的 12 岁的凯特琳说："给无家可归的人送食物培养了我和朋友的同情心，使我们思考除了我们自己之外其他人的遭遇，知道我们能做出改变。这大大纾解了我们的压力。"

第五，教会孩子关心他人。如果孩子们不知道如何关心他人，他们的共情关注就会下降，此外，不要以为他们知道如何关心他人。我教会孩子们 CARE（关心）的四个组成部分，然后通过在不同情境中进行角色扮演，让他们知道如何安慰、帮助、安抚和同情他人，孩子们总是感谢我。"现在我知道该怎么做了。"一名三年级的学生说。告诉孩子们如何关心他人吧，他们的表现不会让你失望的。

- **C = Console**（安慰）。“我很抱歉。”“这一定不是真的。”“你不该受到这种待遇。”
- **A = Assist**（帮助）。跑着去寻求急救；打电话找人帮忙；捡起打碎的东西；询问：“你需要帮助吗？”“需要我去找个老师吗？”
- **R = Reassure**（安抚）。“其他孩子也会遇到这种事。”“我还是你的朋友。”“我会陪着你。”
- **E = Empathy**（同理心）。“如果是我，也会非常难过。”“我知道你的感受。”

这里需要注意的是，有同理心的孩子会试着帮助每个人，如果不这样做，他就会感到内疚。如果是您的孩子，要允许他暂时置身事外，不要试图做所有人的“救世主”。特蕾莎修女的建议正好切中要害：“我从不把大众视为我的责任，我注意的是每个个体……刚开始，是一个人，然后是下一个人，之后的再一个人。”

同理心如何成为孩子的超能力

本书的引言部分描述了埃米·沃纳长达40年的开拓性研究，该研究跟踪调查了出生在夏威夷考爱岛的698名婴儿，结果发现：虽然很多婴儿都面临着严重的问题（遭受虐待、父母酗酒、家庭贫困、失去亲人），但其中有1/3的人却在茁壮地成长。这是因为他们习得了“保护性因素”，如批判性思维、同理心、奉献精神、充满希望、幽默、自控、毅力和解决问题的能力；但决定他们能战胜逆境的最重要原因在于他们持有“我能战胜一切困难”的信念，而这种信念几乎都是受父母启发而产生的，他们的父母具备同理心，而且对他们抱有坚定的信念。同理心可以拯救生命。下面讲述的是一位年轻女性的故事，她曾深陷人生的低谷，但最终坚强地挺过来了。

伊丽莎白是个金发碧眼的女孩，她在学校表现得很出色，并且兴趣广泛，喜欢弹竖琴，喜欢和朋友一起玩蹦床，喜欢和妈妈聊天。她出生于一个虔诚的摩门教家庭，有5个兄弟姐妹，父母非常慈爱。2002年6月5日，她醒来时发现一名男子用刀抵着她的喉咙，该男子警告她不许出声，否则就杀了她和她的家人，之后该男子绑架了她。在接下来的9个月时间里，这个年轻的女孩遭受着非人的虐待，忍饥挨饿，身心饱受摧残。但伊丽莎白活了下来，她的故事证明了韧性和同理心的力量。

伊丽莎白说，在被强奸和虐待后的第一天，她感到内心萌生了一种强烈的决心。不管发生什么，她都要活下去。“唯一能给我带来希望的就是这一决心，”她写道，“这也是我能活下来的原因之一。”被绑架前几周她和妈妈的一次谈话起到了关键作用。

因没人邀请她参加聚会，伊丽莎白当时很不开心。她母亲察觉到了女儿的情绪，她告诉女儿，只有两个看法是真正重要的，一个是上帝的，另一个是她自己的。母亲还告诉她：“无论发生什么，我都会永远爱你。”意识到母亲对她坚定不移的爱——无论发生什么——帮助她坚持了下来。她后来回忆道：“事实证明，在长达 9 个月的折磨中，这是支撑我坚持下去的最大动力。”

我们永远不知道孩子会面临什么样的困难。研究发现，40% 的儿童在成年之前至少会经历一次潜在的创伤事件，但科学研究也证实，让孩子们知道我们无条件地爱他们，注视着他们，可以帮助他们学会坚强，哪怕是处于最困难的时刻。有时候，当我们不在他们身边时，陌生人的同理心也可以创造奇迹。

伊丽莎白于 2003 年 3 月 12 日获救，有个旁观者敏锐地注意到了这个少女和绑架者在一起，他发现了伊丽莎白的求救信号，觉得事情有些不对劲，于是就拨打了报警电话。警察赶到后询问了她的名字和故乡，但伊丽莎白支支吾吾，害怕得说不出话来。一名警官看出了她的恐惧，心生同情。于是他走到她面前，轻轻地把手放在她的肩膀上，看着她的眼睛，用温柔而肯定的声音问道："你是伊丽莎白？如果你是，你的家人自从你离开后就非常想你！他们爱你，他们一直在期盼着你回家。"在被囚禁的9个月里，这是小女孩第一次可以卸下心防，坦白说："是的，我就是伊丽莎白。"因为她知道妈妈的爱是无条件的，伊丽莎白终于可以回家了……这一切都是因为同理心。

接受访谈的每个孩子都告诉我，他们迫切需要从父母那里听到更多无条件爱的信息。

"无论发生什么，我都站在你这边。"

"我为你感到骄傲。"

"无论发生什么，我都爱你。"

至于同理心，我们是孩子的第一任老师，也是最有影响力的老师，孩子们渴望得到我们的爱，需要我们的认可，希望我们能对他们的压力和空虚感同身受，我们这样做有助于培养他们坚定的决心，帮助他们处理在成长过程中遇到的种种艰难和困惑。科学研究已明确证实，能战胜逆境的孩子们都具有一个共同点：他们身边总有一个善解人意、意志坚定的成年人，一再提醒他们"我就在你身边，你能挺过去的"。而这样的信息要靠我们来传递。

按照年龄培养孩子的自信心

乔什·扬特在学校里一直被霸凌，再加上父亲离世，不禁心生抑郁，于是这位加拿大少年和妈妈离开了故土，希望能在新学校重新开始。男孩很想融入新生活，但事与愿违。他在学校里仍是形单影只，对已逝父亲的思念与日俱增，终日郁郁寡欢。

“我厌倦了做一个无名小卒，我想被人尊重，”乔什说，“我想和人们接触，向人们展示我自己。”过去的经历使他知道有些孩子非常刻薄，他说：“就好像他们在生活中从未得到过善意的对待。”所以他认为，了解孩子们的最好方式就是向他们表示善意……还有什么时候比他们走进学校大楼的那一刻更合适呢？

第二天早上，乔什站在校门口，为每个学生开门，微笑着说“你好”，大多数孩子都不理睬他，径直从他身边走过，其他人则认为他很古怪，叫他“门卫”，但乔什不理会他们的嘲讽，继续坚持为大家开门，日复一日，周复一周。这是他与他人沟通的方式，同时也让人们知道他不再是隐形人了。孩子们不经意间注意到了乔什，因为他总在那里。

慢慢地，同学们开始向他敞开心扉，甚至回应他的问候。老师和同学们都逐渐感受到了自己积极的变化，不仅对乔什的态度变了，而且整个学校的氛围都变了：孩子们对彼此更加友善，这都是因为新“门卫”给了他们同理心的力量。因而，乔什毕业时，学生们选择了一个完美的礼物送给他：他们卸下了一扇门，在上面签名后送给了他。

乔什证明了培养同理心的最好方法之一就是进行模仿。反复练习细微的但能表示爱心的动作，比如微笑、对视，甚至扶门，这些动作都可以打开孩子们的心扉，使孩子们从“我”变成“我们”，帮助他们茁壮成长。乔什·扬特提醒我们，这一切都始于“你好”。

下面的大写英文字母代表每项活动推荐的适合年龄段：Y代表幼童、学步儿童及学前儿童，S代表学龄儿童，T代表10 ~ 12岁及以上的青少年，A代表所有年龄段的人。

- **教玩“交友4步法”。**我最小的儿子是家庭“交友4步法”的冠军，他对参加露营活动和交朋友心存担心时，我就开玩笑地说：“玩交友4步法吧。”在他不解的眼神中，我解释道，他可以通过做4件事来交朋友：1. 眼睛直视对方；2. 保持微笑；3. 向对方问好；4. 询问对方“你叫什么名字？”或者“你住在哪里？”。如果对方回以微笑或回答，你就问：“你想一起玩吗？”儿子回来后说：“这个办法很有效！”这个策略成了我们家交友的秘诀。因为面对面交流是产生同理心的关键途径。
- **培养关怀的心态。**有项研究发现，与认为同理心是固定不变的、无法提高的人相比，认为同理心会不断发展的人，会更努力去理解和分享他人的感受。因此，要告诉你的孩子："就像肌肉可以伸展一样，同理心也可以不断地发展，这就像学习下棋或学习语言一样。练习得越多，你就越能理解他人的想法和感受。"此外，要认可孩子在关怀他人方面付出的努力和所进行的尝试。"我注意到你在努力帮助别人，你看到你的善良让你的朋友感到非常快乐了吗？"有些父母让孩子们在索引卡上记录自己的善行，这样他们就可以"看着自己的善行成长"。同时，要帮助孩子理解，就像阅读、学习数学和科学一样，同理心可以通过努力慢慢提升。A

- **想象他人的感受。**在华盛顿大学的一项研究中，观察了研究对象在面对有个人的手被加热时他们的反应。（他们没有意识到受害者是在假装疼痛，"热"并不存在。）在要求研究对象"想象受害人的感受"时，他们明显表现出更多的同理心。所以，要鼓励孩子通过回答扩展同理心的问题来想象他人的感受。S，T

你："想象一下凯拉的感受。她为什么要侮辱大家？"

孩子："她自我感觉不好？"

你："你能做什么呢？"

你："假如你是史蒂文，你知道他为什么跟着你吗？"

青少年：“因为他想交个朋友？”

你：“你能怎么做呢？”

你：“站在爸爸的立场上，你知道他为什么那么不耐烦吗？”

孩子：“因为爷爷病了，他很紧张？”

你：“你能做什么呢？”

- **扩大关注范围。**我们更容易与像我们一样的人产生共鸣，即那些和我们具有相同的性别、种族、文化、教育、年龄和收入的人，这就是我们必须拓宽孩子社交圈的原因。16岁的艾玛说：“虽然在富裕的白人社区长大会有一些局限，但去上大学时，我一定不会惊慌失措。”父母应让孩子从小接触不同类型的人、音乐、食物、宗教、语言和新闻媒体，也要扩大自己的关注范围和社交网络，这样孩子就会意识到你的言行。A
- **求同存异。**帮助孩子把注意力从“是什么让我与众不同”转移到“我们有什么共同点”。如果孩子说：“他的肤色不同。”那你回答：“对，他的肤色比你的浅，但是你看，他和你一样喜欢棒球。”如果孩子说：“她读得不如我好。”那你回答：“但是她和你一样喜欢下棋。”如果孩子说：“他讲话很可笑。”那你回答：“他说的是另一种语言，但我们来找找你们的共同点。”这样回答的目的是帮助孩子找到他与某人或某群体的共同点，在孩子对某人或某群体

的成见使他的同理心减少之前，就把这些成见消灭掉。A

- **表扬团队合作。**首先，不要信奉“胜利就是一切”的理念，这种理念使孩子们相互竞争，彼此对立；相反，对他们为团队所做的努力给予表扬。“我喜欢你们团队互相支持。”“你能帮助那个受伤的球员，我为你自豪。”“团结一心地解决问题，做得好。”其次，期望你的孩子用鼓掌、“干得好！”和“真棒！”鼓励别人，同时也要帮助孩子们寻找合作机会，使他们从“我”扩展到“我们”。最后，一定要注意自己的行为！目前至少有163个城市的青少年项目关注父母的不良体育道德，他们要求父母参加孩子的比赛时签署行为规范保证书！A
- **想象一次气球之旅。**菲利斯·法格尔是必读图书《中学很重要》（*Middle School Matters*）的作者，他建议使用视觉形象打开孩子的视角。如果孩子看不到朋友的另一面，就让孩子想象坐在热气球里升到空中。“试着从有利的新视角去看待问题。你能把情况看得更清楚吗？能想象出还有其他结果吗？”法格尔还表示，使用“也许”可能会有所帮助。孩子可能会这样猜测：“也许凯勒忘了把我列入邀请名单了。”“也许老师没看到我在举手。”“也许奶奶没听见。”如果孩子需要更多的想象空间，就问问他：“在同样的情况下，你会给朋友什么建议？”S，T

- **想想给予者或帮助者。**《心理科学》（*Psychological Science*）期刊上的一项研究发现，写感谢信能增强孩子的感激之情——尤其是当孩子考虑到收件人对他们的善举给予的回应时。鼓励孩子多想想给予者。“假设乔阿姨正在打开信箱，看了你的感谢信，她会有什么感觉？”“你打开苏西阿姨的礼物，你想让她知道你很感激她的付出，你能怎么说、怎么做呢？”练习感恩可以帮助孩子走出自我的圈子，多为他人着想。A
- **克服对残疾人士的偏见和躲避。**帮助孩子坦然面对“不同”的人可以增强他的共情关注。首先，回答孩子关于残疾或差异的问题，因残疾和差异可能引起孩子不适或恐惧。有位妈妈解释了自闭症小伙伴拍手的原因：“这叫作刺激，他用拍手来让自己平静下来。”从此他一拍手，同学就会问：“约翰尼，你需要拥抱吗？”同学们的同理心开始发挥作用，人际关系也会顺利发展。其次，强调共同点——共同的利益、关注和价值观——而不是差异。最后，想办法和孩子面对面交流。“金是个盲人，但喜欢哈利·波特，这和你一样。”“他坐着轮椅，但也是湖人队的球迷。”“一开始，你可能会感到不安，但是一旦你们了解了对方，猜疑和恐惧就会烟消云散，也会玩得很开心。”S，T

- **试试感恩式呼吸。**一旦孩子学会了深呼吸（参见第三章），就可以教他们进行一些变化来促进同理心和感激之情。例如："深呼吸，呼气时数一，想想你感激的事，再深吸一口气，数二，呼气时专注地想另一件你心存感激之事。继续呼吸、数数、呼气，想想自己值得感激的事情，直到数到五，然后从一重新开始，要么重复所感激之事，要么增加新的想法。"孩子也可以想想善良的人或乐于助人的人，并在缓慢呼吸的同时，在心里感谢他们。S，T

要点总结

1. 如果孩子们明白同理心的重要性，他们可能会变得更有同理心。

2. 要教会孩子们同理心，必须向他们展示同理心，塑造希望他们模仿的范例。

3. 孩子必须能识别不同的情绪状态，才能对他人的感受变得敏感。所以，要经常问问"你感觉怎么样？"，最终转向询问"她 / 他 / 他们感觉如何？"。

4. 接触不同观点的人，让孩子更有可能同情那些需求和观点与自己不同的人。要扩大孩子的关注范围。

5. 如果希望孩子同情他人，那就期待和要求孩子同情他人。

最后的话

有名学生在进入俄勒冈州波特兰市的一所高中时，把猎枪藏在了装衣服的袋子里。片刻之后，学校就发出这样的通告——有人持枪企图杀人，于是人们在惊慌中被疏散。

但是后来发生的事情出乎人们的意料，这一切归功于帕克罗斯高中一位机敏的橄榄球教练：他从那个打算自杀的学生手中夺过枪，并拥抱了他至少 20 秒。“显然，孩子崩溃了，我只想让他知道我在他身边。”基农·洛说道。一场潜在的危机被一个人的镇定和巨大的同理心消解了。

只要我们能在需要的时候表现出同理心，那么即使身处最黑暗的时刻，也能唤醒我们本性中善良的一面。这种性格优势是可以培养的，也是对抗空虚和压力的良方。同理心让孩子们带着希望、善良和快乐使生活变得更加美好，让孩子们的世界更人性化——成为他们茁壮成长的沃土！

第二部分

发展心智

如今竞争非常激烈，我们一直在努力跟上不掉队。大人们总是说，成绩好才能生活好。不过他们还说，我们得参加这样那样的活动，还要选个好大学去读。但是，从来没有人教我们怎么才能做到这些。

——凯拉，16 岁，亚特兰大市

第三章

自制力

理性思考，抑制冲动

作为父母，希望自己的孩子出类拔萃已经不是什么新鲜事了，但如今我们所做的一切却是为了培养神童。我们甚至为了让学龄前儿童获得“学术优势”，想尽一切办法，比如准备大量抽认卡、数字表、字母表，花高价请家教，送孩子去昂贵但严格的早教学校。我们以爱为名的一切努力真的能使孩子在学校和人生中茁壮成长吗？在参观了纽约市一所面向 3 ~ 4 岁儿童开设的豪华私立学校之后，我确信我们的精力用错了地方。

我上午 10 点左右来到这所学校，看到 20 个 4 岁的孩子在练习本上练习写数字，一位老师站在旁边，随时准备纠正错误，她的助手也在忙着给“用功的孩子”贴贴纸。大多数孩子都在完成自己的任务，但总有老师随时准备插手帮忙。整个上午的教学就是学数字和字母：没有装扮游戏，没有手指画画游戏，也没有沙盒游戏，更没有机会培养孩子的好奇心、自信心、同理心或自制力。该校校长说："没有时间教'那些'，我们得为孩子们上幼儿园做好准备。"孩子们的每时每刻都是在成人引导和学业驱动下度过的。

我注意到一个满脸雀斑的男孩疯狂地捻着自己棕色的头发，揉着自己的前额，这不能怪他，本杰明已经学习了将近15分钟了，对大多数4岁的孩子来说，学习这么长时间不太容易，本杰明在努力控制着自己。老师注意到了本杰明的状态，让他到计时隔离角去反思，这时，本杰明突然失控了，他撕破了练习册，跑到角落里，一屁股坐在座位上哭了起来。一个金发女孩难过地摇了摇头："本杰明只是想玩了。"我完全赞同女孩的观点。

从此，我开始努力寻找有效的儿童教育方式，并发现了一个名为心智工具的早教课程。这个课程有非常严谨的阅读、写作和数字课，但它更关注的是教会孩子如何学习，而不是学科内容。该课程认为，学会自我调节才是孩子人生中成功的秘诀。我观看了长达几个小时的教学录像带，访谈了几位老师，又与该课程的创始人之一德博拉·梁进行了交谈，我确信，心智工具的教学方法或许正是孩子们茁壮成长所需。

心智工具的课堂明显不同于其他课堂，最显著的差异是老师很少打断孩子，孩子哭闹、发脾气的现象也极少发生。因此，老师不会因学生行为不端而给予警告、惩罚（"坐着别动，要不然就去角落待着”)。但心智工具课堂也缺少典型的学前行为辅助手段来强化孩子积极的表现，比如奖励用的贴纸。这是因为，该课程认为，与其通过外部激励来矫正孩子们的行为，还不如教会他们使用工具，帮助他们学会自我调节、规划、参与、专注和记忆，这样孩子们的动力会来自内在，而且该课程将这些经验教训融入孩子们学习的方方面面。我一直在想，像本杰明这样的孩子该如何从这样的课程中受益呢。

那天上午开始上课前，每个孩子都制订了“游戏计划”来协调监督自己的表现。老师是阿代尔夫人，她就坐在阿登身旁，阿登 4 岁，有一头红发，活泼好动，她问阿登：“你计划做什么？”

阿登说：“我要用积木搭一座桥。”

“那我们把你的计划写下来。”阿代尔老师回应道，并在一张大卡片上写上：“我要成为一名工程师，用积木搭一座桥。”接着她用手指指着一个个字母慢慢地教阿登读，读完后她说：“去玩吧，记着完成你的计划。”于是，这个 4 岁的孩子手里拿着上课前写下的计划，急急忙忙去搭桥了。

当阿登把注意力从建造桥梁转到航天中心时，阿代尔夫人问道：“你是要坚持自己的计划，还是要改变自己的计划？”阿登看了看自己的计划，想起来自己是要搭一座桥，于是又回到建造游戏中心，在那里，他待了一个多小时。4 岁正是孩子们发展规划能力之时，他们用书面计划提醒自己要专心做事，与此同时，他们也学习了阅读。

接下来是“同伴阅读”时间，孩子们两人一组坐在一起听有声故事，然后互相描述故事的开头、经过和结尾。以利亚（拿着画着“嘴唇”的大图片）和夏洛特（拿着画着“耳朵”的图片）面对面坐着，一起听《小熊可杜罗》（*Corduroy*）的故事，以利亚手中的“嘴唇”图片提醒该他复述故事了，在两人转换角色前，夏洛特作为“听众”一直静静地听着。心智工具的老师在“游戏计划”和“同伴阅读”活动中，使用简单的物品使孩子们记住他们该做之事，并促使他们保持专注，专心做事，孩子们在学习中也更加投入，好奇心更强，兴趣更加浓厚。

心智工具早教课程最显著的特点在于老师处理孩子问题行为的方式。比如 4 岁的亨利因为等不了排队取零食，很容易发脾气，老师就耐心训练他，教他心平气和地自言自语，控制自己的情绪。

“亨利，你要跟自己说：‘我要排队，从 1 数到 10 等着轮到我，然后再坐下。’你每做一件事就竖起一根手指，这样你就能记住这三件事。”在老师的帮助下，亨利心平气和地自言自语，多次重复练习这三件事，竖起一根手指（“我排队”），竖起两根手指（“从 1 数到 10”），最后竖起三根手指（“坐下”）。经过一周的练习，亨利可以在没有大人提示、奖励或吓唬的情况下，就能够记住这三件事，这样亨利就学会了控制自己的行为，减少了发脾气的次数。

我对德博拉·梁进行了长时间的访谈，她是名誉心理学教授，也是心智工具课程项目的联合创始人，她和另一个创始人埃琳娜·博德罗瓦于 1993 年开始合作，二人基于“先教会自制力，学习就会自然发生”这一理论，开发了心智工具课程。大量研究证明，梁和博德罗瓦是正确的：他们的方法不仅提高了孩子的阅读能力、数学能力、语言能力和学习参与度，而且还提高了孩子的自我调节能力。

尽管大多数父母并不认为自制力很重要，但是他们还是会惊讶于自制力发挥的关键作用。梁认为，自制力是心智工具课程项目的基石，孩子一旦有了自制力，神奇的事情就会接踵而至。梁告诉我，她收到了很多父母的来信，他们承认自己的确是过了一段时间后才意识到培养自制力才是养育孩子的首要任务。梁最开心的一件事是目睹了来自一位母亲的感谢，这位母亲感谢自己儿子的老师，感谢他让自己“豁然开朗”。

这位母亲写道：“一年前，德里克总是到处乱跑，这让我们很难堪，因此我们很少外出。当老师您说您要帮德里克提升自我调节能力时，我和我丈夫都觉得这不太可能，因为德里克根本闲不下来！但在学习心智工具课程后，他的行为和看法开始变了。我们让他睡觉，他就上床睡觉，也不太和我们争吵了。他甚至让弟弟写了份计划，告诉弟弟，如果他们发生争吵该怎么做。他做的跟他在课上学到的一模一样。”

几年后，这位母亲再次写信告诉这位老师，德里克在班上学习成绩名列前茅，而且当选了班长。这位母亲已认识到，强调自我调节和自律的心智工具项目改变了孩子的人生，让孩子通过学习工具，学会理性思考，学会自我调节，这样他才能应对这个充满不确定性和各种挑战的世界。这是我们培养茁壮成长者的另一种方式。

什么是自制力

出于诸多原因，我们压力很大，精疲力竭。但我们这代人确实不同，心理健康状况不佳，难以应对各种问题。

——以利亚，14 岁，安纳波利斯

希望儿子或女儿心理健康，学业优秀，人际关系良好，事业有成吗？那么你就要确保孩子学会自我控制。孩子们能控制自己的注意力、情绪、思想、行为和欲望，是他们实现成功最不可或缺的优势之一，也是他们恢复活力、茁壮成长的惊人的未知奥秘。与智商和考试分数相比，自制力也能更好地预测孩子的学业成就。事实上，自制力几乎影响着孩子生活的方方面面，因而自制力至关重要。

如果在过去十来年的时间里，你一直在阅读有关教育或自我提升的书籍，那么自制力的重要性对你来说并不陌生。如今大多数人都熟悉沃尔特·米歇尔著名的棉花糖实验。在实验中，他进行了这样的测试：在被告知不能吃棉花糖，同时无人看管的情况下，学龄前儿童能等多久才会吃下棉花糖。实验表明，总体来说，等待时间越长的孩子的自制力越强，在以后的人生中就越成功。但令我印象深刻的是，在过去几年里，大量的相关研究进一步细化和深入研究了这一现象。如果说这些研究有什么进一步进展的话，那就是，研究人员已证实，虽然我们最初评价自制力是茁壮成长者应具备的一个关键优势，但我们还是低估了自制力的重要性。

安杰拉·达克沃斯和马丁·塞利格曼开展了一项独特的研究。在新学年伊始，他们测量了一组八年级学生的智商和自制力，测量自制力的方式是自我评定、父母和老师评定、奖金选择问卷和学习习惯问卷，这些方式旨在衡量学生的延迟满足能力；在学年末，他们又收集了这些学生的绩点、出勤率和学业考试分数。

达克沃斯和塞利格曼发现，智商本身与成绩高低和学业成就无关，相反，自制力才是八年级学生成功的“秘诀”。事实上，自制力作为第三种性格优势，对于学业成就的影响，比智商重要两倍以上，也就是说，自制力强的八年级学生平均绩点更高，学业考试分数更高，更可能进入重点高中。他们的出勤率更高，写作业花的时间也更多，即使他们的智商得分与那些积极性不高的同学相同（或在某些情况下较之更低）。由此可知，如果想让孩子们取得更好的成绩，我们不应该再努力提高他们的智商，而应该专注于增强他们的自制力。

无论是现在还是未来，自制力越强的孩子也越快乐、越健康。新西兰的研究人员对 1000 名同龄儿童从出生一直到 32 岁进行跟踪调查，他们发现，在学龄前自制力就强的孩子，在学校和以后的人生中都很成功，他们的人际关系也更健康，经济情况更稳定，滥用药物的可能性更低。

不管从哪方面来看，那些能集中注意力、克制冲动和控制自己想法的孩子，生活境况会更好。这也正是我关注自制力的原因。

大约 10 年前，我注意到孩子们的自制力急剧下降，与此同时，他们（尤其是富裕社区成绩优秀的孩子）的压力、焦虑和抑郁率急剧上升。孩子们自制力不强，就会感到不知所措、无助、紧张和抑郁，这往往会导致他们滥用药物或者自残。

教育工作者告诉我，他们也在各个年龄段看到了这些令人不安的变化。在幼儿阶段，孩子更容易烦躁，脾气也更暴躁。在中学阶段，孩子在处理问题、集中注意力方面遇到更多问题。在高中阶段，青少年压力很大，不知所措。最负盛名的心理健康组织一致认为，现阶段美国儿童的心理健康状况和自制力水平为历史最低。

- 美国儿童与青少年精神病学会警告称，至 2010 年，美国每 4 ~ 5 名青少年中就有 1 人有精神障碍。
- 美国心理协会称，至 2018 年，与所有其他年龄段的人相比，目前青少年的心理健康状况更差，焦虑和抑郁程度更高。
- 圣迭戈州立大学的研究人员报告称，自 2005 年左右以来，12 ~ 17 岁的青少年患有严重心理困扰、抑郁和自杀的比例增加了 52%。

如果轻视自制力的风气得不到扭转，就会严重影响到孩子们获得健康、快乐和成功。即便是学龄前儿童，也可以拥有自制力，这就是我们必须教会孩子们这种优势的原因，具备了这种优势，他们才能真正茁壮成长。不仅仅是为了让孩子们取得好成绩，更是为了让他们做好准备，在走出严格管控的学校后，去迎接等待着他们的未知世界。

为什么自制力很难教会

自制力大幅下降，压力就会随之上升。很快，孩子们的专注力、正确决策能力、抵制诱惑和规范行为的能力都会下降，从而引发一系列错误决定，一个接着一个，直至他们无法正常做事，进而崩溃。这种崩溃的状态可以称作倦怠！那么，为什么这么多年轻人面临着倦怠感，且这种风气正愈加趋向年轻化呢？这在很大程度上与我们如今所处的生活环境有关。

一、科技不断促使我们一心多用

孩子们或许会说，他们可以同时打电话、发信息和读邮件，但是，科学反驳了这种说法。当大脑在两件、三件甚至四件事情之间来回转换时，每次我们都要为事件之间的转换付出“转换成本”，比如认知能力降低、专注力下降、注意力分散和表现不佳。简而言之，一心多用会抑制孩子（和我们！）的自制力和表现。

伦敦精神病学研究所的研究人员发现，在电子产品的不断干扰下，孩子的智商会下降 10 分。斯坦福大学发现，和喜欢一次只完成一个任务的人不同，一心多用的人需要经常在不同的应用程序之间切换，他们的注意力往往不集中，记忆力也欠佳，由此产生的问题是：一心多用的人会忍不住去想他们还未完成的任务。（对于很多一心多用的父母来说，这听起来或许并不陌生，因为他们也在努力克制这种冲动！）在各种应用程序之间反复切换的人，在简单的记忆任务上表现会十分糟糕。

然而，50% 的青少年承认自己玩移动设备“上瘾”。他们说，宁愿失去一根手指，也不愿放下手机！在不使用社交媒体的情况下，即使他们努力集中注意力，发挥最大的自制力，大多数孩子专注于作业的时间也不会超过两分钟。

事实上，自制力需要专注的能力。孩子们同时处理多项任务时，他们的学习成绩和自制力都会受到影响。《浅薄》（*The Shallows*）一书的作者尼古拉斯·卡尔指出，上网时间也“挤占”了孩子们原本可以注意力集中的时间，“挤占”了孩子们与家人在一起的时间。研究还表明，随着人们多任务处理能力的提高，他们的思维创造力会下降，这可是个悲剧。而好奇心能帮孩子们在思想、心灵和意志上成长，帮他们找到激情，使他们乐于接受周围的事物和各种变化，好奇心也为孩子们提供了在未知世界中茁壮成长所需的工具。这就是我们必须认识到电子设备对青少年影响的原因，特别是在经历了疫情之后，疫情期间在线学习和网络联系的时间急剧增加。

二、我们把孩子逼得太紧、太急

目前发展最快的市场之一是针对学龄前儿童和幼儿园儿童开设的课外阅读班、数学辅导班，这些班承诺早期学习可以使孩子们获得学术优势。但是这种填鸭式的幼儿教育真的有用吗？看看那些受教育程度很高，也非常快乐的孩子的成长之所，你就知道答案了。在教育和快乐这两个类别上，联合国儿童基金会（UNICEF）将丹麦和芬兰排在前列。这两国的教育方法不仅提高了本国孩子的自制力，还带来了不可否认的积极影响。

丹麦有意推迟了幼儿园入学年龄，比美国幼儿晚一年上幼儿园，而丹麦孩子的识字率高达 99.9%。对数千名丹麦儿童进行分析后发现，推迟一年上幼儿园，可以显著减少 7 岁儿童出现注意力不集中和多动症的现象，这些对学生成绩是有极大的负面影响的。在注意力和自制力方面，丹麦儿童的评估分数很高，但是美国的孩子却并非如此，美国年幼的孩子很难集中注意力和保持自制力。

斯坦福大学在研究了大量儿童样本后也发现，上幼儿园时年龄偏小的孩子，患多动症的可能性比同班年龄偏大的孩子要高 34%。但是，推迟一年入学，11 岁孩子出现注意力不集中和多动症的概率会明显下降 73%。

应芬兰教育与文化部邀请，我曾三次赴芬兰工作，对芬兰的教育体系印象深刻，芬兰学生的阅读成绩排在世界首位，芬兰学校规定了强制性户外自由活动时间，布置的家庭作业是调研的 64 个国家中最少的，孩子们 7 岁才开始上学或接受正规的阅读指导，芬兰的孩子也是世界上最快乐的。芬兰教育的积极成果值得我们反思，我们是否要这么急、这么早把年幼的孩子送去上学呢。孩子们压力大，感到孤独、精疲力竭，要想学会自制力，实现茁壮成长，他们所需要的或许正是以孩子为中心、不再逼迫他们的教育方法。

三、孩子睡眠不足

我们必须面对现实，睡眠不足的孩子往往脾气暴躁、丢三落四，而睡眠不足产生的影响远不止于此。睡眠不足的孩子在注意力和记忆力方面会出现很大问题，他更容易做出错误决定，也更容易冲动，这些都是自制力差的表现。睡眠不足还会使孩子过度紧张、焦虑和抑郁，这会使他在学校表现不佳，绩点和考试分数下降。加州大学洛杉矶分校的一项调查发现，为了学习牺牲睡眠时间的高中生在第二天的考试、测验或家庭作业中表现会更糟，而不是更好。特拉维夫大学的研究发现，睡眠时间仅少一个小时，孩子的认知能力就可能在次日倒退两年左右，这意味着，六年级学生在大考前一晚失眠的话，他在考试中的表现最终可能退回到四年级的水平；大四学生可能会退回到大二的水平。

在调研的50个国家中，美国学生似乎是最缺乏睡眠的。美国儿科学会称，青少年“睡眠不足”是一种公共卫生流行病。美国疾病控制与预防中心警告称，近60%的初中生和73%的高中生都睡眠不足。由此我们得到的教训是：孩子们需要睡眠！

四、孩子们不能玩了

回想一下你的童年。你童年时能玩各种游戏，踢球、捉迷藏、抓人游戏或在草地上打滚。那时候没有大人管束，孩子们自己玩，度过无忧无虑的快乐时光。但现在那样的场景很少见了，孩子被剥夺了玩耍的权利，家长们甚至承认自己在毁掉孩子的童年。

十多年前，来自美国各地的830位妈妈，按照要求比较了她们自己儿时的玩耍时间和孩子的玩耍时间。85%的妈妈承认，现在孩子（3～12岁）的户外玩耍时间远少于她们自己小时候的户外玩耍时间，70%的妈妈还表示，她们每次在户外玩的时间至少是3个小时，而现在孩子玩的时间远远不到这个时间的一半。孩子玩耍时间急剧下降的一个原因，是年轻一代背负的学业压力很大，导致各种辅导、课程和作业挤占了他们在草地上打滚、玩沙盒、玩泥巴的时间。造成孩子玩耍时间下降的其他原因有电子娱乐、电子产品的普及，孩子的恐惧感（对绑架、枪击、袭击者的恐惧）以及父母管得太细、管得太多。如今，孩子的童年发生了巨大的变化，犹他州甚至通过了一项法律，如果孩子单独外出或在无人看管的情况下玩耍，政府不会认定父母对孩子是疏于监管的。

但对孩子们来说，玩耍是一件马虎不得的事情。孩子们自我主导的无忧无虑的玩耍，可以培养他们关键的社交情感技能，如创造力、问题解决能力、协作能力和语言能力。玩耍还可以帮孩子们减压，学会享受独处，学会理解他人。因此，有人认为减少孩子自由玩耍的时间是造成儿童焦虑和抑郁显著上升的主要原因。玩耍也是孩子们学会自制力和各种技能的最佳方式之一，如遵循指示、集中注意力、协商规则、管理情绪、做出决定、专心做事和克制冲动等技能。孩子们还可以通过玩耍发现自己的长处，学会主导自己的行为，或只是简单地享受生活，这样他们就不会感到那么空虚，而且会变得更加自信。

所以，让孩子恢复自由玩耍或许才是减少心理健康疾病，使孩子快乐，培养孩子独立能力和自制力的最佳途径之一，而且解决办法也极其简单，只需把门打开，告诉孩子："去玩吧！"

如何教会孩子自制力

好吧，或许你已经试过了，直接把孩子从电脑前拉到院子里，但是你的做法效果并不好，我会提供一些具体的建议和方法。研究已清楚表明：自制力是茁壮成长者不可或缺的性格优势。但令人欣慰的是，教会孩子自制力并不难，不管孩子处于哪个年龄段，父母都可以培养他的这种特质。学习自制力的关键是要学会三种核心能力：专注力，这可以强化孩子集中注意力，增强他的耐心；自我管理，这是让孩子学会调节不良情绪的技巧；正确决策，这样孩子可以做出明智的、正确的选择。

一、强化孩子专注于重要事情的能力

专注力把我们和他人联系起来，它决定了我们会有什么样的体验，使我们更具好奇心，同时决定我们所听到和看到的事。这种能力虽然被严重低估了，但却是学会自制力的关键；是促使孩子在学校取得成功、在生活中茁壮成长的关键；还是孩子能够完成任务，提高孩子理解力、记忆力、批判性思维能力、情商和学习能力的关键。专注力也决定着孩子的心理健康水平、学业成就和同理心。《专注》(*Focus*) 一书的作者丹尼尔·戈尔曼指出，尽管专注力和杰出表现之间的关系在大多数时候并不显而易见，但专注力几乎影响着我们想要做的每一件事。“乘数效应”的影响是深远的。

第一，消除分散注意力的因素。如果下面任何一个分散注意力的因素在孩子身上有所体现，一定要采取措施予以解决。

- **F = Food**（食物）。尽量少喝含咖啡因的饮料或能量饮料，少吃含糖量高的食物。
- **O = Overscheduled**（超负荷）。只需减少一项活动，就可以让孩子得空休整。
- **C = Computers and screens**（电脑和电视）。电子屏幕和强光会延迟褪黑素的释放，让人难以入睡，因此至少要在睡前 30 分钟让孩子远离电子设备。

- **U = Unrealistic expectations**（期望不切实际）。对孩子期望过高会给孩子带来压力，降低孩子的专注力；期望过低则会让孩子觉得事情太简单，“任何人都可以做到”。因此，把期望孩子达到的目标设定得比孩子的实际表现稍高一点，这样可以强化孩子的专注力，增加成功的概率。
- **S = Sleep deprivation**（睡眠不足）。睡眠不规律以及噪声、高温、寒冷、光线条件和电子产品都会影响睡眠。因此要保持规律的睡眠。

第二，延长“等待时间”。测定孩子当前的等待时间，或者在孩子冲动行事之前，看他能忍耐多久。教会孩子一种等待策略，再慢慢增加孩子等待的时长，几周后，孩子的自制力就会增强。多加练习，孩子就能下意识等待更长时间。具体策略如下：

- **不要动**。“告诉自己：‘别动。除非你能再次控制自己，否则不要动。’”
- **转移注意力**。“你读三页书，我们就玩游戏。”
- **用短句**。“说三遍‘一个密西西比，两个密西西比’，然后可以咬一口。”
- **数数**。“从 1 慢慢数到 20，就轮到你了。”

- **唱歌。**“哼两遍《雅克兄弟》，我就做完了，就可以帮你了。”
- **计时。**“把烤箱定时器设置成 20 分钟，然后去学习，提示声响时再停下。”

第三，玩等待游戏。《不奖不罚：如何让难管的孩子拥有自制力》（*The Good News About Bad Behavior*）一书的作者凯瑟琳·雷诺兹·刘易斯和我说：“无论是玩‘西蒙说’的游戏还是‘红灯停、绿灯行’的游戏，孩子们都可以从中学习自制力，玩游戏也是为了锻炼肌肉，从而促使孩子克制冲动、规范行为。”因此，别再用抽认卡了，也别再让孩子参加很多活动了，相反，可以教孩子和朋友们——玩“红灯停、绿灯行”游戏、“冰冻抓人”游戏、“西蒙说”游戏，这样孩子在玩游戏的同时，还可以练习前面提到的等待策略。

第四，教会孩子关注当下。科学证据表明，练习“关注当下”（有意识地关注当下，但不做任何评价）可以增强抗压能力、提高专注力、强化注意力、增强记忆力、减轻压力和提高学习能力。可以这样开始：

- **关注自己的想法。**散步时停留一会儿或者从一天中抽点时间，温柔地提示孩子“关注你自己的想法”，或者问问孩子“你身体感觉怎么样啊”，“你听到了什么”，或者“现在发生了什么事”。

- **注意声音。**可以用铃声、钟声或者手机上的声音软件。“我要弄出些声音，你仔细听，直到听不到为止。”（30 秒到 1 分钟）。
- **利用玩具。**针对年龄较小的孩子，可以在他的肚子上放一个小豆袋或者一个毛绒玩具。跟孩子说：“慢慢吸气、呼气，这样就可以拉着你的小伙伴跑了。呼气和吸气时关注一下你的小伙伴，看它是不是随着你的呼吸一起上下移动。”如果是年龄稍大的孩子，可以利用鹅卵石、橡胶球或者其他轻巧的小物件。
- **学习转移注意力的技巧。**各种诱惑会使孩子丧失专注能力，缩短注意力持续时间。沃尔特·米歇尔通过著名的棉花糖实验发现，在教了孩子们转移注意力的一些简单技巧之后，他们的注意力和自制力都有显著提高。技巧就是不去想棉花糖有多好吃，而是学习一种转移注意力的方法。以下是一些技巧：①辨别吸引注意力的诱惑。问问孩子“哪一部分最难？”“什么最难控制？”“什么最吸引你？”；诱惑孩子的可能是“玩堡垒之夜游戏，不做家庭作业”，也可能是“吃蛋糕，不吃晚饭”，或者是“投篮，不做家务”（那就把这些诱惑藏起来！）。②转移注意力。

米歇尔发现，孩子们对棉花糖的想象越抽象，忍耐的时间就越长。可以教给孩子们下面的任一技巧："关注棉花糖最不吸引人的部分""不要想棉花糖的味道，想一想棉花糖的形状或颜色""在脑海里构想一个框架，框在棉花糖周围，就像一幅真实的带框的照片。"（这样孩子们可以等将近 18 分钟！）③假设"如果……那么"，避免分心。如果孩子忍不住想看照片墙的通知，那就在他学习时关掉应用程序；如果孩子忍不住想发短信，那就把手机放在他够不到的地方，等他把事情做完再给他；如果孩子忍不住想吃蛋糕，那就等吃完正餐后再把蛋糕拿出来。注意区分你设定的"如果"和"那么"后面的条件。

二、教会孩子管理情绪

在北卡罗来纳州的一所私立学校，我和青少年谈论了压力这个话题。他们的言论引起了全国各地青少年的共鸣。

14 岁的亚历克斯说："压力使我的朋友深受打击，我真的很担心他们。"

15 岁的吉姆说："我们大多数人都很担心自己的成绩不够高，上不了大学。"

16 岁的苏珊娜说："我们都有压力，但不知道如何减压，结果压力越来越大。"

接着我问道 ："父母和老师怎么能帮你们减压呢？"

一个孩子总结了现在的自制力课程不起作用的原因。他说 ："所有人都告诉我们不要有压力，但是却不告诉我们该怎么做，我们也无法从课本和课堂上学到该如何减压，因此，我们只能自己摸索寻找有用的方法，然后不断练习，直到最终成为习惯，否则我们就会一直有压力。"

好的建议就一定要采纳。如今孩子们的压力之大创历史新高 ：13 ~ 17 岁的青少年中，36% 的女孩和 23% 的男孩说他们每天或几乎每天都感到神经紧张。压力过大对健康有害，不利于孩子们的性格优势和成绩表现，容易让孩子们滋生无助感（"我对此无能为力，为什么还要尝试呢？"）和倦怠感。但是，教会孩子们调节不良情绪的方法，很多孩子的压力就都可以得到缓解。因此在道德上，我们有义务教会孩子们下面的 ACT 调节情绪法。

A = Assess stress（评估压力）。第一步是识别压力信号。在温和的提示下，即便是小孩子，也能了解自己"身体发出的警告"。我访谈了来自宾夕法尼亚州米尔顿赫尔希中学的 5 名二年级学生，在孩子们眼里，这所中学既美好又充满希望。受访学生均来自低收入家庭，他们的学费由巧克力大亨米尔顿·赫尔希捐赠的基金支付。我和这 5 名可爱的二年级学生一起坐在地板上，我问他们 ："你们怎么知道自己有压力？" 孩子们立刻说出了自己的症状："我肚子不舒服""我头疼""我心脏开始狂跳""我不停来回走动"。老师需要花点时间帮孩子们了解自己的"身体警告信号"，这样他们才能在负面压力增强之前察觉到压力并加以控制。可以按照如下的方式做：

- **识别压力信号："我感觉怎么样？"** 具体解释如下：我们失控时，身体会发出信号警告我们，留意这些信号可以帮我们减轻压力，增强安全意识，促使我们做出更好的选择，下面来了解一下提示我们需要冷静的信号。大声说话、脸颊通红、拳头紧握、呼吸急促，一旦看到孩子出现这些症状，悄悄地（并尊重地）指出来："你的手握成拳头，是感到不安吗？""你在磨牙，是觉得有压力吗？""你走来走去，是生气了吗？"
- **确定诱因："是什么引起的？"** 接下来，帮助孩子认识到使他感到有压力或者导致他失控的因素，如遇到陌生人、发表演讲、受欺负、参加考试、参加活动、约见医生、去陌生的地方、转学、朋友问题、恐怖新闻、承担多项任务等等。根据孩子的年龄，这个诱因列表还可以继续增加，或者当这样的诱因出现时，直接记录下来。一旦确定了压力出现的信号和触发因素，孩子就可以采取措施保持冷静和进行自控。

- **评定压力等级：“压力状况有多糟糕？”**再下一步，孩子们要学习如何评定他们自身压力的强度，还要学会描述压力的等级。医护人员要求患者按照 0 ～ 5 等级来评定疼痛程度。（0 代表“不疼痛”，5 代表“疼痛最厉害”。）和孩子一起建立一个类似的等级量表来描述压力强度，之后，孩子注意到自己有强烈的不良感觉时，就可以用这种方法来评定自己的压力等级。

C = Calm down with slow breaths（放慢呼吸，平静下来）。慢慢地深吸一口气，再慢慢呼气，呼气时长是吸气的两倍，这是一种最快的放松方法。长时间呼气可以让大脑获得更多氧气，从而帮助孩子做出更好的决定，并保持自制，这个方法很好，可以教给孩子。格雷的妈妈克丽斯塔向我们证明，即使是很小的孩子，也能学会深呼吸的技巧。像大多数 3 岁小孩一样，格雷还没有掌握自制力这项能力，所以他妈妈随时关注他的感受。一旦格雷开始感到不安了，克丽斯塔就会说：“呼吸，格雷，深呼吸。都会好起来的。”我看着这一幕，像变戏法似的，格雷慢慢地控制住了自己。“看，格雷，深呼吸起作用了。”

这一方法的秘诀在于，格雷的妈妈了解自己儿子的压力信号，并且在格雷快要失控之前教给他呼吸的技巧。母子二人也会在格雷平静的时候练习这个方法，克丽斯塔把自己的手放在格雷的肚子上，让他学会用深呼吸来放松。格雷在 3 岁就开始学习自制力了！

这些方法可以帮孩子自己管控自己。找到适合你孩子的方法，然后反复练习，直到这成为一种习惯，然后庆祝一下！

- **用羽毛演示呼吸。**学习缓慢呼吸对孩子来说不太容易，因此，可以借助一根羽毛来进行演示。在桌子上放一根羽毛，然后解释说："从腹部发力，深吸一口气，然后用嘴呼气，吹着羽毛在桌子上缓慢移动。"坚持练习，直到孩子能吹得羽毛在桌面上平缓地移动。也可以用肥皂泡教小一点的孩子缓慢呼吸："看看在泡泡不破的情况下，你能用多慢的速度把泡泡吹多远。"
- **腹式呼吸法。**孩子仰卧，闭上眼睛，正常呼吸，与此同时注意自己的感觉，把一只手放在胸前，另一只手放在腹部，慢慢用鼻子吸气，把气吸到腹部，然后把放在腹部的手向上移动，放在胸前的手不动，这时告知孩子："一边吸气一边从 1 数到 4，然后屏住呼吸，再从 1 数到 4。"接着，孩子用腹部呼出一口气。（这时原来放在腹部的手应该向下移动。）
- **123 呼吸法。**一旦感觉到自己的身体发出了失控的警告信号，告诉自己"放松"，这是第一步；用腹部深吸一口气，感受吸的气慢慢上升到鼻子，再从鼻子呼出去，把注意力集中在呼吸上，这是第二步；再深吸一口气，感受吸的气从嘴唇向下到腹部，同时慢慢从 1 数到 3，这是第三步。把这三步连起来做，你就学会了 123 呼吸法。为了达到最大程度的放松，呼气的时长至少是吸气的两倍。

T = Talk positively to yourself（进行积极的自我对话）。学会自我对话有助于孩子战胜挫败感、减轻压力、保持自制力。这个技巧我是从海豹突击队学到的，当时我在美国陆军基地培训心理健康顾问。海豹突击队队员告诉我，他们运用积极的自我对话来克服恐惧。神经科学家证明，这种自我镇静的技巧改变了海豹突击队队员应对压力时大脑的反应：积极的自我对话使队员保持自制力。

告诉年龄稍大的孩子："对自己说一句积极向上的话，可以帮你在艰难的时刻保持自制力。积极的话语可以战胜大脑发出的恐惧信号，并减轻压力。"这里我提供一些积极的话语供参考，你也可以想想其他的。"我可以！""我能挺过去。""深呼吸！！！""保持冷静，坚持下去。""我不喜欢这样，但是我能应付。"

对于年龄稍小的孩子，可以让他们说"我认为我可以，我觉得我能行"。孩子可以选择一句自己喜欢的话，牢牢记住。年幼的孩子可以把这句话挂在镜子上，青少年可以把自己积极的话语用作手机屏保。鼓励孩子不断练习，直到成为一种习惯，而且最简单的方法就是反复应用这句话，直至外在的声音转化为孩子的心声。

三、教孩子做出正确的决定

临近学年结束时，我去了纽约市一所重点私立高中，看到学生们兴奋不已，这可以理解，因为他们都被大学录取了，但我还是感觉到了些许紧张。

我问道："上大学后，你们最担心什么？"孩子们滔滔不绝地说着："选室友，选课程，看医生，平衡开支，布置宿舍，等等。"孩子们不停地说着自己的各种担心，直至一个17岁的孩子开口讲话。

"之前我的一切事情都是父母为我做，所以我最担心的是自己在生活上不能自理。"说这话的孩子可是一名全优生，刚被耶鲁大学录取。其他孩子点头表示认可：他们都很担心自己在生活中会很失败，因为离开了家，他们不知道该怎么生活。这种担忧不无道理。

大学应该是孩子们展翅高飞的特殊时刻。但是，大学毕业后返回家乡的比例每年都在增加：几年前，大约有50%的应届毕业生计划回家乡发展——这还是在2020年新冠肺炎疫情暴发之前，新冠疫情使整整一代大学生和年轻人返回家乡。虽然可能是因为偿还大学助学贷款或失业，但是另一个原因就是他们无法应对生活中的难题。由于父母的溺爱，很多孩子长大成人的过程都很艰难。我听说过大学生家长的故事，实在令人忧心。父母总是割舍不掉对孩子的爱。

- 有位父亲告诉我，在芝加哥大学的一次家长会上，他曾看到一位母亲在自助餐厅为她上大学生的儿子切牛排。
- 美国空军学院的学员问我怎样才能礼貌地拒绝父母无时无刻的关心呵护。我们自己必须学会引导，甚至是去努力争取！
- 宿舍管理人员说，在孩子开始攻读哈佛大学工商管理硕士之前，父母就来要钥匙，要给自己的孩子布置宿舍。

与二十世纪八九十年代的大学生相比，如今的大学生在“成长恐惧”方面的得分明显高很多。如今的青少年往往赞同这样的观点：“我希望能回到童年时代，那时有安全感”以及“人生中最快乐的时光是孩提时代”。他们对于长大感到焦虑！

“成人学校”这个行业在不断发展，这类学校为年轻人开设课程，教他们如何设定目标、理财、铺床叠被，甚至是叠衣服等等。适可而止吧！我们该行动起来，不要再围着孩子转了，而是要把孩子培养成从内到外都很坚强的人。茁壮成长者显著的共性就是他们独立自主，自己掌控自己的生活。为了孩子茁壮成长，我们首先要帮助孩子拥有自制力，学会自己做决定，这就要求我们不要总是管控、指导和监督孩子的生活。在孩子们离家去上大学之前，问问他们想学什么，然后努力教给他们这些技能。

我们应扮演的角色是引导孩子们学会在没有我们帮助的情况下，也能够应对生活中的各种困难。我们必须放手，这样他们才能学会做出选择，学会做出正确的决策，学会解决他们自己的问题。但是还有个忠告：一旦孩子做出了选择，就要顺其自然，不要再去帮他！如果我们一直替孩子做决定，他就永远无法获得自制力和决策能力。（别再说“你应该……”或者“我告诉过你！”）每一次经历都会使孩子的自制力有所提高，最终要让孩子能够完全自己做决定。我们就应该这样培养孩子，让孩子相信自己能够处理遇到的任何问题，相信自己能够茁壮成长。

第一，了解自己的教育方式。每当孩子让你帮着做决定时，你通常会怎么做？

促成式：“你今天做了好多事，我来帮你选吧。”

不耐烦式：“我们要迟到了，我来选吧。”

溺爱式：“别担心，我会转告萨姆你很抱歉。”

竞争式：“瑞安的设计不错，我们多加些照片，这样你的设计就比瑞安的更好了。”

帮助式：“你的书写不太好，我帮你重做这个科学作业。”

如果发现自己的教育方式可能会让孩子失去自制力，那么现在要做的就是搞清楚在这个年龄和能力水平上，孩子自己能做什么，然后记住这条新箴言：永远不要为孩子做他自己力所能及的事。下次你还想“解决”“帮忙”或者“安慰”的时候，你不要上前帮忙，要拒绝孩子，对孩子说“不”；孩子自己能做，但却向你求助时，要对孩子说“我相信你自己可以做到”。

第二，给予孩子选择权。如果孩子习惯让你做决定，那就想办法多创造机会，让孩子自己去做选择。但要解决的关键问题是：“有哪些是孩子本可以自己选择，而你却为孩子做了决定的事情？”例如：着装、参加的活动、购买的物品、日程安排、家务活、食物、卧室布置和娱乐活动等等。有些事情是没有商量余地的，但根据孩子的年龄，你可以为孩子提供什么样的选择，才能提高他的自制力呢？

第三，提供“二选一”的选择。一开始，只给孩子两个选项，让他从中选一：“你想玩滑道梯子棋还是弹子棋？”“你想骑车还是走路？”随后，试着给出三个选项：“你想吃哪种甜点：蛋糕、冰激凌还是布丁？”选项可以逐步增加，然后解决更复杂的问题，比如：“你想选哪所大学？”我们要做的是不断扩展选项列表。

第四，询问可能的结果。决策的一个环节是关注可能出现的结果。要引导孩子思考决策可能产生的后果，可以这样问孩子：

“如果你这样做，会发生什么？”还要帮孩子权衡每种可能性的利弊：“如果你这样选择，会有什么好的结果和不良的后果呢？”年龄大一点的孩子可以列出所有的可能性，然后再看是正面的多，还是负面的多？

第五，教会做事的准则。孩子在面对诱惑时对自己所说的话（“自我指导”），是判断孩子是否运用了自制力以及是否克制住了冲动的决定性因素。STAR 准则［Stop（停下来）、Think（思考）、Act Right（正确行事）］帮孩子们做出明智的决定，但学会 STAR 准则需要耐心和实践，随着时间的推移，孩子们能够学会“停下来、思考、正确行事”，这样他们就可以保持自制力，自己做出明智的决定。

自制力如何成为孩子的超能力

迈克尔·菲尔普斯是史上获得奥运会奖牌最多的运动员，一共获得了 28 枚。大多数人认为，菲尔普斯的成功源自他的天赋，他天生就是游泳运动员的体质，也有人认为是遗传因素，但事实上，他取得巨大成功的关键在于他所学的享誉世界的心智工具课程。菲尔普斯培养自制力的方法，对于与孩子打交道的成年人来说，是很有借鉴意义的。

菲尔普斯解释说：“从小到大，我一直处于极度兴奋的状态，不停在动，根本坐不住。”他妈妈经常接到小学老师打来的电话，说菲尔普斯的自制力有问题：上课不专心、注意力难以集中、作业不做，总是冒冒失失。9 岁时，菲尔普被诊断出患有注意力缺陷多动症，这种精神疾病影响着美国约 400 万儿童和青少年。虽然学校的报告表明，菲尔普专心做事的能力仍有待提高，但是，跟其他数百万美国孩子一样，医生只是给他开了利他林药物。有些老师跟他说，因为无法集中注意力，他在任何事情上都不会有所成就。然而，菲尔普发现了一种独特的方式来释放自己过剩的精力：游泳。

菲尔普斯回忆道：“事实证明，我在泳池里游得很快，部分原因是在泳池里我的思维变慢了。在水中，我第一次觉得一切尽在掌握之中。”

菲尔普斯的妈妈提醒他考虑自己的行为会产生的后果，以此帮助他在游泳比赛中集中注意力。比如菲尔普斯 10 岁的时候，比赛得了第二名，他非常沮丧，于是扯下泳镜，生气地扔在了泳池边上，基于此，母子二人想出了一个手势，这样菲尔普斯的母亲即使站在看台上也可以提醒他。黛比·菲尔普斯解释说：“我会用手比个‘C’，表示让他冷静。每次看到他灰心丧气的时候，我都会给他比这个手势。”

菲尔普斯还想出了放松的方法来缓解竞技游泳比赛中不可避免的压力，他说：“以前我和妈妈经常在家练习放松技巧……右手握成拳，放松，然后左手握成拳，再放松。”听着李尔·韦恩和杨·吉兹的歌曲也使菲尔普斯“保持放松状态”，因此，他会在赛前听这二人的歌。同时，他还学到了控制不良情绪的方法。他回忆道：“怒气会在内心慢慢积聚，但我会将愤怒转化为动力，尤其是在游泳时。回顾过去，我坚信正是这些经历教会了我管理自己的情绪，从而发挥自己的优势。”此外，菲尔普斯的教练让他体验一切可能出现的情况，以确保他能够应对所有可能遇到的障碍。教练并没有时刻监管菲尔普斯，因为他清楚，想要成为冠军，必须拥有自制力。

菲尔普斯的成功需要多年的训练、强烈的憧憬、坚定的梦想和长期的自律才能促成，这个曾经被老师认为“永远不会成功”的男孩证明老师错了。迈克尔·菲尔普斯可能是第一个承认成功并不容易的人：“但是只要努力，只要坚定信念，只要对自己和周围的人充满信心与信任，那么一切皆有可能。”

每个孩子都会遇到困难，有些人遇到的困难会比其他人遇到的困难挑战性更大。但是，培养自制力的同时拥有父母持久的爱，可以帮助所有孩子克服生活中的各种困难。没有人一开始就知道孩子能否取得成功，但拥有自制力和父母的爱，孩子就不会感到那么空虚，他也更可能茁壮成长。

按照年龄培养孩子的自制力

我们生活在父母的保护伞下，父母为我们做了太多，而我们过于依赖父母。我们必须学会应对生活中的各种问题。

——艾登，14 岁，盐湖城

纳什维尔高中的一名高一学生斯嘉丽和我分享了她睿智的思考。她和我说中学毕业时，妈妈送给她一本书，是苏斯博士的《哦，你要去的地方！》，她把这本书的最后几句话念给我听："你有思想，有双脚，你可以选择朝着任意方向自由航行。"斯嘉丽说："妈妈还说我会在高中表现出色，但我表现得并不好，因为我从来没有学过自己做事，妈妈仍在指导着我。如果她想让我成功，就不应该再帮我做所有事情，而是应该让我自己掌控，这样我才能知道怎么掌控自己的人生。"

这才是真理！如果我们真的希望孩子们学会自制力，取得成功，并茁壮成长，我们必须要慢慢放手，将控制权交给他们，让他们自己管控自己。

下面的大写英文字母代表每项活动推荐的适合年龄段：Y 代表幼童、学步儿童及学前儿童，S 代表学龄儿童，T 代表 10 ~ 12 岁及以上的青少年，A 代表所有年龄段的人。

- **树立自制力的榜样。**在试着培养孩子的自制力之前，先认真反思一下自身的行为。比如：缺乏自制力时，在孩子面前你会怎么做？在孩子面前你会超速驾驶吗？会使用多媒体设备处理多项任务吗？会冲动购物吗？你怎么缓解自己的压力？我们就是孩子活生生的教科书。因此，期望孩子成为什么样的人，就要树立什么样的榜样。A
- **制定自制力的座右铭。**来自艾奥瓦州的一位父亲非常担心儿子同学的自制力差，于是他用了一天的时间，和自己的孩子一起研究关于自制力的格言。他们把自己最喜欢的格言写在卡片上，贴在家里，然后每天反复看。这位父亲告诉我："我终于明白了，孩子们都期待拥有自制力。"此处提供一些格言供参考："三思而后行。""自制力差的人不会创造出什么价值。""控制住自己，否则别人会控制你。""失去了自制力，一切都不会成功。"因此，我们应该制定一条关于自制力的家庭座右铭，不断重复，直到孩子理解记住这条座右铭。A
- **和孩子聊聊自制力。**我们要经常和孩子聊聊自制力，他才能理解自制力的价值。和孩子聊天时，可以问问这几个问题："什么是自制力？""为什么自制力很重要？""为什么有些人自制力强？""你见过有人失控吗？""有自制力会是什么样？""人们怎么会失控？""怎样才能重获自制

力？”“怎么才能保持自制力？”A

- **观看电影。**通过电影和孩子聊自制力不失为一个好办法，比如电影《星球大战》中，尤达和欧比旺教天行者卢克学习自制力，以确保卢克远离黑暗势力。适合幼童、学步儿童及学前儿童看的电影有：《冰雪奇缘》《功夫熊猫》《海底总动员》《了不起的狐狸爸爸》。适合学龄儿童看的电影有：《查理和巧克力工厂》《蜘蛛侠》《龙威小子》。适合10～12岁及以上的青少年看的电影有：《哈利波特》《血战钢锯岭》《奔腾年代》。A
- **发出关注的信号。**有些孩子很难把注意力从一个活动转移到另一个活动上，这就是老师之所以运用“引起注意的信号”的原因，老师会通过拍手、摇铃、发出“放下笔，抬头”的口头指令等来吸引孩子的注意。因此，我们要规定一个信号，和孩子们一起练习，然后就期待着孩子们关注了！例如，“一分钟内集中注意力”“请看着我”“准备好听了吗？”。Y
- **重视“停一停”。**孩子如果不克制冲动，就可能做出无法挽回的错误决定。放慢节奏，让孩子有时间思考，教会孩子运用“暂停提示”提醒自己“做决定前先停一停，好好想一想”，这样的“暂停提示”既可以在现实生活中使用，也可以在虚拟世界中使用。S，T

“如果你生气了，那就先数到 10 再回答。”

“有疑问时，停下来，想一想，冷静一下。”

“不要在生气的时候发短信或者电子邮件。”

“这样做是有益呢，还是有害呢？要是有害的话，就不要这么做了！”

“不要说任何你不希望别人议论你的话。”

- **活在“当下”。**克拉拉是个五年级学生，生性敏感、富有创造力，但她总是想得太多，这使她倍加忧虑，自制力也在减弱。她的父母为了不让她想太多，会提醒她：“克拉拉，活在当下，不要去担心那些还没发生的事情，想想现在，你会感觉好一些。”她妈妈告诉我，他们提醒过克拉拉无数次，要“活在当下”，不过现在克拉拉自己就可以想起来要“活在当下”了。如果孩子忧思过度，我们就要帮他活在当下。S，T
- **冲突时给自己留有余地。**在社交场合中保持冷静实属不易。缓和社会冲突的一种方法就是教孩子在冲突中给自己留有余地。可以说“我们稍后再解决此事”，这样可以给自己留出时间，让自己停下来，想一想，冷静一下。下面这些表达可以给自己留出余地，比如：“我们休息一会儿再谈”“我们都冷静一下怎么样”“现在不是合适的时机”。孩子可以从中选一句（或者自己想一句），不断练

习，直到能正确应用。S，T

- **开办瑜伽小组或正念小组。**来自雷东多海滩的妈妈说，她们发起了一个每周一次的母女瑜伽小组，来帮助10多岁的女孩们缓解压力。研究已证实，练习瑜伽和正念可以提高自制力，改善心理健康状况。因此，我们可以找些适合孩子年龄的瑜伽或正念视频光盘，或者在居住地附近找些相关的课程，自己先学会相关技巧，然后开办一个青少年瑜伽小组或正念小组，或者和家人一起练习。
- **考虑上大学前休息一年。**高中毕业后到上大学之前可以考虑休息一年，孩子可以利用这一年的时间学会管理自己的生活。在这一年中，孩子可以去发掘自己的兴趣、外出旅行、实习、找份工作或者只是在上大学前充分了解自己。研究表明，与高中毕业后直接上大学的同龄人相比，上大学前休息一年的学生，在大学表现会更好，绩点也会更高。T
- **制定21天的目标。**要教会孩子克制冲动的新方法并不容易，如果孩子以前学习过不恰当的方法，那就更难上加难了。既然如此，我们可以选择自制力需要提升的一个方面，向孩子展示新的方法，然后每天练习几分钟，至少练习3周，或者不管多长时间。（目前科学表明，这可能需要18 ~ 254天）因为孩子反复练习了此方法，所以他很可能会接受这种方法，而这正是学习新行为的正确方法。《意志力》（*Willpower*）一书的作者罗伊·F. 鲍迈斯特指出："重要的是要练习摆脱习惯性行为，有意识地控制自身的行为。久而久之，这样的练习就可以提高自制力。"而这正是孩子获得这一性格优势所需要的。A

要点总结

1. 自制力如同肌肉一般，可以通过规律的日常练习使之不断增强。

2. 慢慢地深吸一口气，再呼气，呼气时长是吸气时长的两倍，这样有助于孩子习得自制力。

3. 如果孩子反复练习自我控制的技能，他就能学会这种技能。

4. 与孩子取得成功和提高抗压能力最密切相关的优势之一，就是孩子控制自己的注意力、情绪、思想和行为的能力。

5. 我们是孩子活生生的教科书，要为孩子树立自制力的榜样，让他学会自制力。

最后的话

塔里敦是一个风景如画的村子，位于哈德孙河河谷，距离曼哈顿约 30 分钟车程。我在波坎蒂科山中央学校和学生们谈论有关性格的话题，我教给他们几种克制冲动的方法，并解释说：“自制力如同肌肉一般，可以通过规律的日常练习使之不断增强，但真正持久的改变往往是由内而外产生的。”随后每个学生选择了一种方法进行练习，来增强自身的自制力。

接着，学校老师要求，学生当晚回家练习自己选择的增强自制力的方法，按要求完成了的学生第二天要反穿校服，这样大家就知道他完成了。对于孩子和父母来说，这个可以达成真正持久改变的课程，会影响终身，意义深刻。毕竟，孩子必须由内而外学会自我控制，而我们要让孩子发挥自己的能力，这样他才能学会。然而，最重要的是，第二天、第三天以及第四天孩子们一直反穿着校服，这说明他们在获得这一性格优势。

第四章

正 直

有强烈的道德准则并且坚定不移

诺姆·康纳德是一名来自堪萨斯州尤宁敦的高中老师，他认为，培养孩子们道德准则观念的最佳方式之一是让他们学习历史。每年他都鼓励社会研究课程班上的学生参加一个名为“国家历史纪念日”的学术竞赛。他希望这个项目能帮助学生学习历史，掌握研究技能，这点不难理解，但康纳德最大的愿望是让学生们明白，就像他们所研究的历史人物一样，他们自己也能有所作为。正因为此，这个课程班的座右铭是：“改变一个人，就改变了整个世界”。

几年前，班上的两名高一学生梅根·斯图尔特和伊丽莎白·坎伯斯约定一起参加比赛。在构建项目思路时，她们向康纳德求助，于是康纳德送给了她们一个装满文章的盒子。这些鼓舞人心的文章是他多年来从报纸上剪切下来的，随时供学生使用，其中一份剪报提到了一个名叫艾琳娜·森德勒的妇女，她从大屠杀中拯救了 2500 多名犹太儿童。这两个女孩觉得这个数字有误，毕竟，这个数字是奥斯卡·辛德勒所救人数的两倍还多，而且如果这个妇女真的救了这么多孩子，难道她们以前不会听说这个故事吗？

“再深入想想。”康纳德先生这样要求她们。于是这两个女孩真就这么做了，她们联系了大屠杀中心、图书馆和历史协会，但没有人听说过艾琳娜·森德勒这个人。这一切难道是个错误，或者是个荒诞的故事？一个人真的能给世界带来如此大的改变吗？心中的疑问促使她们继续探究下去。

两个女孩上网搜索，在犹太正义基金会网站上找到了一条关于森德勒的热门消息。她们给纽约市的犹太正义基金会打了电话，基金会证实这个故事是真的，但是他们也不了解具体细节，既然如此，女孩们必须了解更多情况。康纳德先生再次鼓励她们继续探索。

高三学生萨布丽娜·孔斯加入了这个团队，女孩们用了一天时间在堪萨斯城的中西部大屠杀教育中心查阅资料，其间她们发现了一张 5 个月大的婴儿的照片。这个婴儿是被装在一个木匠的箱子里，躲过了纳粹守卫，从华沙的犹太人区偷运出来的：婴儿的全家后来在特雷布林卡遇害。女孩们惊讶地屏住了呼吸，照片上的信息显示，这个婴儿的救助者正是艾琳娜·森德勒。这堂历史课栩栩如生，事实超出了她们的想象。

艾琳娜·森德勒是一名社会工作者，也是波兰地下组织的领导人。纳粹围捕犹太人时的残忍行为令这位波兰妇女感到愤怒，她伪装成感染科护士进入犹太区，说服犹太父母让她把孩子救走。1942 年至 1943 年期间，这位身高 1.5 米的妇女把婴儿、儿童和青少年藏在工具箱、手提箱和旧下水道管道里，躲过纳粹守卫，偷偷运出来。之后，她把所有孩子的名字小心翼翼地记在纸巾上，放在玻璃瓶子里，埋在一棵苹果树下。她希望有朝一日这些孩子能和父母团聚。

森德勒最后被纳粹逮捕，遭受酷刑折磨，锒铛入狱，但她拒绝透露她救助过的孩子的名字。并且令人惊讶的是，在逃脱纳粹的魔掌后，她还继续为波兰地下组织工作。到战争结束时，几乎所有孩子的父母都死在了集中营，但森德勒却拯救了 2500 多名儿童。从那之后，森德勒一直默默无闻，只有在历史书的注释中才有可能看到她的名字。“这怎么可能呢？”女孩们想知道其中的原因。

于是她们查阅了几十本书籍，查看了无数档案，并写信给大屠杀的幸存者了解情况。后来，她们再次联系了犹太正义基金会，询问森德勒的埋葬地，得到的答复令她们震惊：森德勒还活着，就住在华沙，基金会还给她们提供了森德勒的住址。女孩们立即给森德勒写了封信。

梅根·费尔特和我说：“我们走着去邮局寄信，但是觉得一个东欧的女性可能不会在意堪萨斯州农村的孩子吧。但是她回信了！我永远也不会忘记那天她们跑到走廊上大喊：‘我们收到了回信！’我们兴奋不已！信的第一行是这样写的：‘致亲爱的姑娘们。’这句话我仍然铭记于心。”

女孩们被森德勒的正直深深吸引，她们必须要讲讲她的故事。她们将森德勒不平凡的经历编写成了一部长达 10 分钟的剧本，名为《瓶中的生命》，并在社区进行了表演。一位观众非常感动，于是他筹集资金，让女孩们、她们的父母和老师康纳德先生飞往波兰去见她们心目中的英雄。就这样，在艾琳娜·森德勒所居住的华沙小公寓里，女孩们见到了森德勒，她们与她相拥而泣。她们终于能问问一直困扰着她们的问题了：是什么让森德勒如此英勇？

“我所做的并没有什么特别的，”森德勒告诉女孩们，“我只是想做个正人君子。”森德勒还承认，她仍然会做噩梦，在梦里纠结自己还能再做些什么。

女孩们编写的剧本仍然在数百所学校和机构中进行演出，而且如今，不仅是她们，还有数百名看过演出的孩子们都明白了社会研究课程班的座右铭“改变一个人，就改变了整个世界”。艾琳娜·森德勒在 2007 年获得诺贝尔和平奖提名，她于 2008 年去世，享年 98 岁，而她正直的精神永存。

艾琳娜·森德勒是如何养成如此坚定不移的道德观的呢？森德勒本人给出了答案，她的回答很简单：“我就是这样长大的。”艾琳娜在华沙郊外的一个犹太小镇上长大，她是家里唯一的孩子，父母是天主教徒，教导森德勒要尊重所有人，无论他们的宗教、社会地位或国籍如何。森德勒的父亲是一位医生，以善良著称，他免费为包括犹太人在内的穷人治病。从小到大，森德勒经常在父亲身边观察和聆听他以身作则的言行，年幼时她就学会了正直，而且学得非常好。

我们希望孩子们成为好人，做正确的事，但怎样的课程能使他们养成坚定的道德观，使他们能够坚定自己的立场，忠于自己的信仰，支持正确的观点呢？我们又该如何激励孩子们，让他们认识到自己可以改变世界？森德勒的故事告诉我们，正直之路始于家庭，并可以在周围的世界中产生连锁效应，影响子孙后代。

什么是正直

正直的品格不是由遗传基因决定的，也不是通过成绩来反映的，而是由后天习得的信念、能力、态度和技能构成的，这一道德准则有助于孩子们辨别对错、关注对错、从而做正确的事。这种性格优势使孩子们设定道德底线，使他们能够抵制诱惑，指导他们即使家长不在身边时也能正确行事。只要孩子们做正确的事，我们和他们都会感到心安。

正直的孩子忠于自我、诚实、坚强、有责任心、勇敢、有韧性。这种品格正是我们这个冷酷无情的、以我为先的世界所需要的。然而全国性的调查显示，这种性格优势正在急剧下降。

- 超过一半的青少年承认考试作过弊，57% 的人认同“成功人士为了获胜可以不择手段，哪怕是营私舞弊”。
- 一项针对 4.3 万名青少年的全国性调查发现，偷盗和撒谎行为泛滥；80% 的孩子承认，自己在一些重要的事情上对父母撒过谎。
- 82% 的成年人认为，如今的孩子比过去几代人更加以自我为中心。
- 校园霸凌事件在 3 年内增加了 35%；1/4 的青少年认为，生气时威胁或殴打他人的行为是可接受的；31% 的青少年认为，暴力行为是学校的一大问题。
- 70% 的青少年表示，他们看到欺凌、仇恨和种族歧视类的信息在增加。

尽管这些结果令人不安，但 92% 的孩子仍然对自己的道德标准和行为感到“相当满意”。77% 的孩子甚至表示：“关于做正确的事，我比我认识的大多数人都做得好。”但关键是孩子们不会因潜移默化的影响而成为好人，正直的品格必须有意教给他们，而父母永远是孩子的第一任，也是最好的道德老师。

为什么正直很难教会

> 只要有一个人发布不良信息，就会带来不可逆转的损害。我们要学会勇敢地做我们认为正确的事，反对残暴行为，但这只有在我们把自己视为好人时才会奏效。
>
> ——斯特凡妮，13 岁，默特尔比奇

无论年龄大小或身处何方，孩子的道德发展不断受到不良消息和恶劣典范的影响。富人、名人和权贵之人的丑闻总是占据着每日的头条新闻，社交媒体已变成公开羞辱的平台，难怪我们的道德教育不起作用了。

一名小学生说：“学校本月的关键词是正直，但这个词只出现在海报上。没有人教我们如何做到正直。”

一名高中生说：“学校有荣誉守则，但为什么要我一个人遵守呢？”

一位家长说：“孩子的日程安排得很满，怎么还能指望我们抽时间和孩子谈论正直呢？”

一位教师说：“我们在家长会上谈品格，但家长们只想听如何帮助孩子提高成绩和考试分数。”

一位校长说：“我认可学生的优秀品格，但学生家长说，这会占用上课时间，而且对孩子进入常春藤盟校没有帮助。”

在我们唯分数论的文化中，教授正直的课程在很多父母的养育计划里地位极低。以下是“道德 101”必须成为育儿核心部分的原因。

一、成年人道德失范的行为

暂且不说孩子，先看看成年人：3/4 的美国人表示，成年人的道德水平不如以往了，报纸上的头条新闻就证实了这一说法。2019 年，联邦检察官指控 33 名家长涉嫌不道德行为，如贿赂大学管理人员、伪造孩子的考试成绩、编造运动记录、捏造个人简历、假装残疾以及付钱雇人冒名顶替孩子参加 SAT 考试。

只要能让孩子上梦寐以求的大学，家长便无所不用其极，但在他们为此炫耀的同时，也要为自己不道德的行为付出高昂的代价。诚实正直的孩子们尽管努力学习，却因同学父母的不正当行为，无法进入梦寐以求的、自己本应有资格上的大学，他们该怎么办？孩子们一直都在观察和学习成年人，他们对成年人挑战道德底线的行为所作的评论很能说明问题。来自曼哈顿的一名青少年和我说：“如果人人作弊而你不作弊，你在学校的排名就会下降。我很失败，因为我太诚实。”来自谢尔曼奥克斯的一名 17 岁少年说：“我的大学申请书是我自己写的，而有些同学是家长雇人替他们写的，他们被一流大学录取了，而我却没有。正确做事有什么意义？”

教导道德行为的最佳方法之一是以身作则，而许多孩子并不具备这样的有利条件。如今，有太多的父母、领导、教练、名人道德败坏，成为道德耻辱柱上的一员。

二、我们缺少表达正直的词语

研究人员跟踪调查了过去几十年出版的520多万本书，对这些书中品德类词语使用情况的调查发现，事实上，如今我们无论在口语表达、写作还是阅读中，都很少用到品德类词语了。“良心”“道德”“品格”“美德”“诚实”“善良”“勇气”“荣誉”这类词语的使用量在不断下降，其中，使用量下降得最多的是与“关心”“关心他人”相关的词语。

而当我们与孩子谈论品格时，品格这个词不一定就是我们所想之意。《品格之路》（*The Road to Character*）一书的作者戴维·布鲁克斯指出，“品格”一词过去常常是指无私、慷慨、自我牺牲和其他使世俗成功不太可能实现的品质，而如今，这个词用来形容那些使世俗成功更可能实现的品质。

三、我们以错误的方式管教孩子

今天，许多父母在两种截然相反的教育方式之间犹豫不决：

一种是非常严格的“专制型”教育，另一种走的是另一个极端，即非常宽松的“放任型”教育。但科学研究表明，无论是专制型还是放任型的教育方式，都不可能培养孩子正直的品格。

相反，我们的目标是采用科学所称的“权威型”教育方式，其特点是提出温和的、合理的要求，并对孩子的需求进行积极回应：“你了解我们的规则，我知道你能做得更好。”权威型教育方式往往制定一贯的家庭规则，设定严格的限制，因而更可能促进孩子的道德发展，而且这种教育方式也鼓励大家公开进行讨论，来解释规则。这些规则有助于培养孩子强大的道德自我，并使他意识到要对自己的道德负责——而这二者都是提高抗压能力的关键。

但如今，很多父母都犯了个错误：权威型教育方式并不一定等同于高度密集型教育方式，而很多人认为，我们必须采用高度密集型教育方式，才能使孩子遥遥领先。采用密集型教育方式的父母无论何时——不管是孩子参加课外活动，在家里玩游戏，还是向老师和专业人士提出自己个性化的需求时——都密切关注着孩子。当然，这是好事，但要适可而止。

如果我们不退后一步，让孩子们自己自由地做出道德决策——的确，他们有时会决策错误——他们就永远没机会自行发展自己的品格和道德水平。这就是孩子们缺乏道德准则的原因，他们为了个人利益不择手段。我们都听说过百般呵护孩子的“直升机”式父母，这些父母如今已经升级成了“黑鹰直升机”。

要想拥有正直的品格，孩子们必须看到人们在践行这一品质，认识到它的重要性，并有机会展示这一品质。只有这样，他们才会明白，正直是成功的真正源泉，正直可以使他们到达并保持遥遥领先的地位。

如何教会孩子正直

虽然文化氛围在变，但我们不要太早放弃，正直还是可以教会孩子的。本章会提供一些培养孩子道德意识、道德认同和道德思维的相关经验和教训。培养孩子的这些能力有助于培养孩子正直的品格，使他们拥有这种性格优势，从而以正直的心态思考、感受和做事，做最好的自己，并茁壮地成长。

一、为孩子树立道德意识的榜样

我和佛罗里达州的几位老师聊到这个话题时，他们都提到最近从学校毕业的一个学生米娅。米娅总是做正确的事，她有强烈的道德准则，无论谁受到不公平对待，她都会挺身而出。他们都想知道：米娅是如何养成这种正直的品格的以及他们如何让其他孩子效仿米娅呢？

这些老师建议：“你应该采访一下她。”于是我请这位年轻女士一起共进午饭，并向她提出了老师们想问的问题："你是如何养成这种性格优势的？"

她笑着回答道："我就是这样长大的。"在我的鼓动下，米娅分享了父母培养她正直品格的经验，这些经验值得我们所有人学习。

"我爸妈总是谈论品格这个话题，他们对我寄予厚望，但我永远不会忘记6岁时的一次家庭会议。那天，爸妈在厨房的地板上放了很多活页纸和记号笔，爸爸让我和哥哥弟弟们用一个词语来表示家庭，我们集思广益，想出了善良、关爱、信任、慷慨和尊重等词语，妈妈就把这些词语写下来，然后爸爸让我们选择一个词，选择一个最能体现我们家的情况，并容易记住的词，我们选择了正直。我们家姓邓恩，因此我家的家庭箴言就变成了'正直的邓恩一家'。"

我问她是如何记住这则家庭箴言的，米娅笑了："不可能记不住！我爸妈每天都要说50遍呢。爸爸去上班时总是说：'记住，做一个正直的邓恩！'妈妈把我们送到学校时也总是说：'记住，我们是正直的邓恩一家。'晚上我们还会一起讨论这则家庭箴言。我爸妈说了那么多次，因此我们就成了正直的人。"

"我前不久结婚了，"她补充道，"就在举办结婚典礼前，妈妈把我们召集到一起，正直的邓恩一家召开了最后一次会议。后来爸爸陪我走过婚礼红毯时，我一直强忍着泪水，我知道一家人不会永远生活在一起，但我永远是正直的邓恩一家的一员，永远会把这一价值观铭记在心。”

“我爸妈说了那么多次，因此我们就成了正直的人。”这是培养孩子道德意识的最佳方式。正直不是经过一次说教就能内化的，而是要经过反复讨论、强调、解释、示范、期待和强化才能养成。下面这些简单的方法可以帮助孩子们理解什么是正直，为什么要重视正直的品格，从而使他们“成为”正直的人。我们要做的只是记住“TEACH（教）”这个首字母缩写词。

- **T = Target your touchstones（聚焦道德标准）**。反思你认为最重要的、你希望在孩子身上培养的美德，并建立家庭的道德标准。与你的丈夫 / 妻子就你所选的道德标准展开讨论，确定你们都认同的道德标准，然后把这些道德标准贴在自己的日程表上，提醒自己要注重这些道德标准，就像注重孩子日程表上的事项一样。
- **E = Exemplify character（树立道德典范）**。为孩子树立榜样是提升孩子正直品格的最佳方法之一，所以要评估一下你和孩子的“道德谈话”。孩子会如何向别人形容我的品格呢？我希望他这样形容我吗？如果孩子只看到了我今天的行为，他会有什么发现？然后反思如何在行为中践行自己之前选择的道德标准。孩子们在看着呢！

- **A = Accentuate with a motto**（用家庭箴言强化道德标准）。道德箴言有助于孩子界定他是什么样的人，因此要像邓恩家那样创建一则家庭箴言。首先召开一次家庭会议，问问家人："我们想成为什么样的家庭？""你希望人们怎样形容我们？""我们希望给人们留下什么样的印象？"大家集思广益，确定对家人最重要的美德，并选择一两个大家都认可的词语。然后，把这个词语变成朗朗上口的简单表达，不断和孩子重复这则家庭箴言，直到孩子成为这样的人。
- **C = Catch it**（**捕捉美德行为**）。"捕捉"孩子的美德，从而帮助孩子理解品格的内涵，然后表扬他的美德行为。可以按照以下两个步骤进行：命名该美德，描述孩子所做的值得肯定的事。"如实告诉爸爸你弄丢了他的笔是需要勇气的。""你恭敬地等奶奶说完，我喜欢你这样。""你做完事才出门去玩，说明你很有责任心。"
- **H = Highlight it**（**强调道德标准**）。每天找点时间强化道德标准，直到孩子将其作为自己的行为准则。在孩子遇到冲突时，你可以这样说："我们要努力控制自己，所以在和你弟弟说话前要深呼吸。"

二、帮助孩子形成道德认同

对孩子们提出我们的期望是培养他们正直品格的一个重要部

分，但同样重要的是，要给孩子们留出空间，使他们形成自己的道德认同，并将他们的道德认同与我们的道德认同区分开——即使我们不在他们身边时，他们自己的道德认同也能使他们坚持下去。

我永远不会忘记儿子 5 岁生日时发生的事。儿子的朋友内特冲进房间，大声尖叫着："他妈妈在哪儿？我要找他妈妈！！"我当时做了最坏的打算，告诉他，我就是孩子妈妈，并问他需要什么。

"我想知道你们家的规矩，"内特说，"我妈妈说你们家的规矩可能和我们家的不一样，我不想惹麻烦。你们家的规矩是什么呢？"

我完全始料不及，便让他说说他家的规矩。

"我妈妈说过'友善'是我们家的大原则，"他说道，"我进来时已经向凯文问过好了。如果你们家的规矩不同，我妈妈说我可以使用'黄金法则'，我希望别人怎么对待我，我就要怎么对待别人——我要非常友善。"

我让内特放宽心，和他说，他会在派对上表现得很好，因为我们两家的规矩几乎一样。他释然地笑了笑，跑去玩了。我心里想着要和他妈妈一起吃顿午饭，我要告诉她，她帮助自己的孩子认识到了"尽管人们的规则不同，但黄金法则始终适用"，这方面她做得太好了。内特 5 岁时就在学习道德认同，这样树立了孩子心目中好人的形象。

研究青少年发展的斯坦福大学的教授威廉·戴蒙（William Damon）表示，正直这一后天能力是从无数细微之处慢慢形成的，比如，孩子观察他人时，反思自己的经历时，听取家人、同伴、学校和大众传媒的反馈时。当孩子开始分析自己和他人，并界定“他人是什么样的人”时，道德自我的形象便在童年时期初见雏形。年幼孩子的自我认同通常是与自己的行为相关的，与他自己的兴趣也相关，“我喜欢踢足球”“我打篮球”“我擅长读书”。但随着年龄的增长，孩子会运用一些形容自己道德的词语，“我很善良”“我有耐心”“我很诚实”。孩子内在的界定非常重要，因为道德认同决定着他的行为和态度，而且道德认同总是由内而外建立起来的。简而言之，孩子如何看待自己，就会如何行事。以下所述的经验有助于塑造孩子的道德自我。

孩子并非生来就能明辨是非，这说明，我们必须不断向他解释美德的含义，直到他将我们所说的内化为止。我们可以采用的一种方法是，利用日常规律来纠正错误认识，使孩子获得道德方面的经验教训。假如孩子生气地从朋友手中抢走了遥控器，他的朋友放声大哭，这时我们可以运用下面的道德他律“4 R 原则”。

- **R1：Respond**（回应）。冷静地回应孩子，让孩子思考自己的行为：“你为什么要从山姆手里抢走遥控器？明明该轮到他玩了。”

- **R2：Review**（评论）。评论该行为错误的原因。可以和孩子说“你不肯和大家分享，你不太友善”“为什么我们的座右铭是‘乐于助人，不是伤害他人’？”，或者问问孩子“你错在哪里？”，此处的关键是不要只是告诉孩子他的行为是错误的，要帮助他搞清楚错误的原因。
- **R3：Reflect**（反思）。反思该行为产生的影响。可以问问孩子：“你抢遥控器时，有没有看到山姆的表情有多难过？如果是他从你手里抢走了遥控器，你会是什么感受？我对你的行为感到失望，因为我知道你是个善良的孩子。”如果孩子一直觉得自己的行为是错误的，这就表明他正在形成道德认同。
- **R4：Right**（纠错）。最后，帮助孩子搞清楚如何改进自己的行为，这样他就不会再犯同样的错误。可以问问孩子：“你怎样才能让山姆感觉好一些？”“下次你会怎么做？”或者这样和孩子说，“告诉我你打算怎么做，因为我希望你能做一个善良的人，你不会再像以前那样了”。最后的补救措施向孩子传达了这样的信息，你知道他有能力纠正错误，而且他必须纠正错误，因为这种行为与他的道德认同和家人的道德信念不符。

三、向孩子展示如何畅所欲言

孩子们必须学会思考、提问和回答问题，以激发他们的道德观念。圣母大学的社会学家克里斯蒂安·史密斯进行了一项为期10年的研究，研究发现，大多数高中毕业生缺乏足够的道德推理能力，他们甚至不会解决日常生活中的道德问题。听讲座、参加考试和背诵事实信息并不能促使孩子拥有深刻的道德思想，但我们有望从古希腊哲学家苏格拉底的古老教义中找到解决办法，这也是许多教育工作者信奉其教育理念的原因。

我观摩了加州河滨市一位中学英语教师的课堂，她运用苏格拉底式的课程模式进行教学。她的教学原则非常明确："尊重他人，表达清晰，至少参与5次讨论，并做好准备进行学术交流。"课堂上，七年级学生围坐成两圈，以便进行讨论。以往的讨论话题是由道德引发的（社会如何正常运转？个人在社会中的责任是什么？决策如何影响未来？），这些话题选自《局外人》一书。偏见是学来的吗？为什么人们会排斥他人？人们如何才能更具包容性？在整个教学期间，我看到12岁的孩子们就有关种族主义和包容性的道德问题进行思考、展开讨论和辩论。

苏格拉底式的教学模式要求成年人不参与教学过程，这样孩子才能学会思考，才能学会正确提问来发展自己的道德推理能力，在课堂上孩子们的确就是这么做的。事实上，课堂上老师让学生们自己进行对话，学生们也能充分利用这个机会。“大多数成年人不让孩子分享自己的观点，但如果我们不练习，我们怎么能学会表达自己的观点呢？”有个女孩和我这么说，“这有助于孩子成为更好的人。”教学过程交给了孩子，因为孩子已经意识到自己的观点很重要，有人会倾听他的观点，他也有机会畅所欲言。

我们可以利用下面的“3 个 A”来帮助孩子们理解正直的品格，培养他们的道德推理能力，这样做的目的是，鼓励孩子们开口说话，发表自己的观点，这样他们才能拥有独立的道德思想，自信地表达自己的观点。

- **A1: Allow disagreement（允许有不同意见）**。孩子学习表达思想、阐明道德原则的最佳场所是在自己家里，那么为什么不从家人表达不同意见开始呢？家庭辩论需要制定明确的规则：每个人都有机会发言，而且发言时间均等，要倾听每个人的全部观点，不许贬低他人。辩论的话题范围宽泛，从家庭问题（津贴、宵禁和家务）到世界问题（贫穷、欺凌和移民），丰富多样。有些家庭还专门制作了盒子来存放辩论的话题。如果孩子有不同意见或迫不及待想说某个问题，可以让他心平气和地分享自己的观点。这里的关键是不一定赞同每个人的观点，但必须试着去理解对方的观点，如果不赞同，请平和地陈述自己的观点，并说出有说服力的“理由”。

- **A2: Ask questions（提出问题）**。罗格斯大学社会情感和性格发展实验室的主任莫里斯·伊利亚斯建议使用提示语来促使孩子思考道德问题，表达自己的观点。以下是提示语的几个例子：

  “你钦佩谁？列出三个他令人钦佩的品质。”

  “描述一个让你吸取了惨痛教训的事件。”

  “你看重朋友的哪三种品质？那么，老师的品质呢？家长的品质呢？”

  “在你人生中，帮你建立价值观的最重要的人是谁？”

  “未来你会鼓励孩子树立哪三个重要的价值观？”

  “你认为最重要的生活准则是什么？”

  “假如我们生活在一个完美的世界里，人们的行为会与现在有什么不同？”

  可以利用书籍和现实生活中的实例来教导年幼的孩子。“真的应该怪他（书中人物）吗？”“你喜欢他哪一点？”“你在自己身上看到了他的优点吗？”

- **A3: Assert your beliefs（坚持信念）**。孩子们需要我们的许可才能畅所欲言，他们也需要认识到我们期望他们做正确的事情。此外，我们必须教导孩子们，保持正直不容易，坚持道德信念很艰难，来自同龄人的压力也很大。我们要和孩子们一起练习，直到他们在没有任何指导的情况下也能这样做。

正直如何成为孩子的超能力

他们不能抹灭我的梦想，他们不能扼杀我的信念，他们也不能阻止我斗争，我要看到所有孩子都能上学。

——马拉拉·尤萨夫扎伊

马拉拉称自己和其他女孩一样。她喜欢纸杯蛋糕和比萨，喜欢掰指关节，喜欢粉红色，喜欢和最好的朋友分享秘密，喜欢读简·奥斯汀的作品和《饥饿游戏》。但马拉拉的童年非常独特，她在巴基斯坦的斯瓦特山谷长大，那里是世界上最危险的地方之一，对女孩来说尤其如此。当塔利班控制了该地区，并宣布禁止女孩接受教育时，马拉拉没有保持沉默，因为她认为人人都有权利接受教育。15 岁时，她在校车上被塔利班恐怖分子击中头部，但她奇迹般地康复了，继续为女孩受教育的权利而奋斗，并成了最年轻的诺贝尔和平奖获得者。然而，这位年轻女性是如何获得如此强大的道德观念和韧性的呢？答案是她年幼时从父母那里学到的。

塞缪尔和珀尔·奥林纳对大屠杀期间拯救犹太人的救援人员进行了最广泛的研究，他们发现，这些利他主义者的成长方式惊人地相似。他们的父母往往与孩子建立亲密、温暖、支持的关系，非常重视孩子善良品质的培养，为孩子树立关爱的典范，期望孩子将这种价值观应用到所有人身上，并用道德推理来管教孩子。这与马拉拉父母的教育方式非常相似。

邻居形容马拉拉一家为“温馨、快乐、笑声不断”，马拉拉的父母以身作则，期待孩子们都成为善良的人。她母亲总是提醒女儿：“我们决不能忘记和他人分享我们所拥有之物。”她在强调道德价值观的氛围中长大，其中“名誉”是最重要的道德价值观。她也曾撒过几次谎，但因为谎言，她被追究责任，并按要求给予了赔偿。之后她就再也没撒过谎。

马拉拉的父亲给她讲过圣雄甘地和亚伯拉罕·林肯等伟大人物的故事，他在当地开办了一所学校，为年轻女孩提供教育机会，他同时也是一名为女孩争取受教育权利的活动家。他还鼓励女儿坐下来聆听他和朋友们讨论政治，这有助于她巩固自身的价值观。父亲成了马拉拉的榜样。“他启发了我。”她这样评价父亲。

马拉拉的父母尊重她的思想自由，也给予她自信。她父亲曾说：“马拉拉大胆、勇敢，直言不讳、沉着冷静，人们问我是如何培养的，我告诉他们，不要问我做了什么，要问我没有做什么。我没有折断她自由飞翔的翅膀，仅此而已。”

人们常常惊讶于马拉拉道德信念带来的优势，但没有意识到她从小就在培养和践行正直的品格。到她 16 岁在联合国发表演讲时，她都在践行自己的道德信念，任何人，包括塔利班在内，都无法阻止她。高尚的正直品格是通过正确的教育方式和经验培养出来的，而马拉拉二者兼有。

按照年龄培养孩子的正直品格

> 我们从来没有因为做好人而得到过表扬，我们得到的表扬都是和考试和成绩相关。我想我们人性的一面其实并不重要。
>
> ——奥利维亚，11 岁，圣迭戈

圣安东尼奥剑桥小学的一棵大橡树下有一个美丽的岩石花园。辅导员黛安娜·卡森告诉我，学校的目标是帮助每个学生在学业上出类拔萃，同时成为自信、富有同情心、品格高尚的公民。但是老师们担心，像如今的大多数人一样，父母只关注孩子的学业，不注重孩子品格的培养，于是他们给家长布置了作业：“请与孩子们谈谈他们的核心性格优势，以及你为什么欣赏这种性格优势，并把答案写在表格上。”

第二天，学生们兴高采烈地交回了家长的作业。“我妈妈喜欢我的善良！”“我爸妈告诉我，他们很高兴我这么有责任心。”“我爸爸欣赏我的诚实！”然后每个孩子把自己认定的性格优势画在石头上，然后把石头放在花园里。那天，无数孩子自豪地指着自己的石头：“我的石头上写着我有同理心。”一个男孩说：“我爸爸是这么告诉我的！”我很好奇，如果没有这项作业，孩子能否认识到自己的性格优势呢？孩子们需要学习来发掘他们“人性的一面”。

下面的大写英文字母代表每项活动推荐的适合年龄段：Y代表幼童、学步儿童及学前儿童，S代表学龄儿童，T代表10～12岁及以上的青少年，A代表所有年龄段的人。

- **认可正直的品格。**只要孩子表现出道德行为，就要给予表扬，让他知道你很重视此行为。明确说出孩子正直的品格，然后具体描述这种道德行动，让孩子知道自己做了值得表扬之事，这样他就更有可能重复这种行为。在表扬孩子时，运用“因为”一词会使表扬更加明确具体：“这体现了你很正直，因为你拒绝传播那些流言蜚语。”“你表现出了正直的品格，因为你信守诺言，即便你得放弃派对聚会，还是和朋友一起去了。”“这就是正直，因为在所有人都作弊的情况下，你仍然诚信考试。正直就是做正确的

事，即便这件事不受大家欢迎。”S，T

- **鼓励做两件好事。**这里的关键是帮助孩子认识到，正直的人会平等地对待每个人，而且以希望他人对待自己的方式来对待他人。来自棕榈泉市的一位妈妈告诉我，她想让女儿们学习黄金法则，于是她鼓励她们每天都做她所说的两件好事，即你希望别人对你做的两件事，因为你也希望别人这样对待你。她们开动脑筋，想出了简单易操作的好点子（如开门、微笑、邀请别人一起玩），然后每晚她们都会分享自己所做之事。这位妈妈告诉我：“她们做的事越多，就越能把自己视为有品格的人。后来，我们的做法又进了一步，大家集思广益，想出需要勇气但并不总是受欢迎的两件好事，比如为受到不公平对待的人大声疾呼，邀请遭到排挤的同学和她们共进午餐，或者安慰被欺负的同学。看着她们变得越来越正直，我很高兴。”Y，S
- **提出“如果……会怎么样”的问题。**对任何违反道德的行为，可以通过“如果……会怎么样？”的问题和孩子聊聊，以纠正错误。如果孩子未征得朋友同意就从朋友那里“借”了东西，就可以这样问问孩子：“如果这件事发生在你身上，你会怎么样？如果有人在你不知情的情况下从你背包里拿了东西，你会有什么感觉？”“如果人人都作弊（撒谎、网络欺凌或剽窃），你会怎么办？你怎么做才能培养正直的品格呢？”要不断提出“如果……会怎么样”的问题，直到孩子明白，表现正直的品格虽不容易，但却是获得人们信任的必要条件。而且，拥有了正直的品格，他更可能做正确的事情，为自己的行为负责——即使在没有人监管的情况下。S，T

- **制作励志故事盒。**诺姆·康纳德在一个盒子里装满了励志人物的故事，这些故事改变了学生的生活。因而，你可以在家里制作一个盒子，盒子里放满励志文章，然后和孩子一起讨论这些文章中的主人公，以便孩子了解正直品格的影响。“谁激励了你？”“你欣赏什么美德？”“正直是如何帮助他人的？”S，T
- **让英雄人物栩栩如生。**有1/4的青少年承认，比起他们认识的人，名人对他们的影响更大，盖洛普青年调查（Gallup Youth Survey）发现，相当多的美国青少年说他们心中没有可崇拜的英雄。因此，要向孩子介绍有助于他们理解正直品格的人物，如亚伯拉罕·林肯、埃米琳·潘克赫斯特[①]、圣雄甘地、罗莎·帕克斯[②]、约翰·刘易斯、

---

① 埃米琳·潘克赫斯特是英国女权运动的代表人物，妇女选举权运动的奠基者之一。

② 罗莎·帕克斯是美国黑人民权行动主义者，现代民权运动之母。

哈丽雅特·塔布曼[①]，以及孩子生活中的真实人物，如乔阿姨或隔壁的消防员。同时要向孩子强调，无论后果会如何，保持正直和做正确的事都需要勇气。希普利学校举办了一个“英雄日”活动，在活动中，低年级学生用纸板剪出和真人一样大小的英雄人物。（我永远不会忘记一位四年级学生向我介绍他心目中的英雄——小马丁·路德·金，并分享自己钦佩他的原因。）萨利·桑吉老师让二年级学生装扮成他们心目中的英雄。Y，S

- **运用形容美德的格言。**格言可以帮助孩子理解品格。因此，要找一条能表现你家家庭价值观，并形容正直的格言，如“诚实是上策”“讲真话”“信守诺言”“言出必行”“言行一致”。然后不断重复这条格言，向孩子解释这条格言的来龙去脉，直到孩子在没有你指导的情况下也可以自行运用。我们家的格言是“行胜于言”，我儿子已经长大成人，但我们聊天结束时，他仍然会说“我知道，妈妈，行动！”。A
- **阅读有关正直品格的书籍。**书籍可以帮助孩子认识到正直的人是如何为社会做贡献的。A
- **制定荣誉守则。**台北美国学校是中国台湾一所学术严谨的

① 哈丽雅特·塔布曼是美国著名废奴主义者，女权主义者，被评为美国内战前最伟大的三位平民之一。

学校，学校的学生荣誉委员公开呼吁同学们签署荣誉守则。他们知道，成功需要所有人不懈地认同，所以他们为正直而辩驳，为同学们签署而欢呼。研究表明，只有恪守对正直的承诺，荣誉守则才能发挥作用。因此，要在家里、运动队、俱乐部、学校或社区制定一套荣誉守则。德布·布朗老师要求学生们在每项作业上签名，以证明作业是他们自己完成的，作弊行为就随之减少了。S，T

- **确定“孩子关注”的项目。**很多时候，选择孩子参加的服务项目时，主要看项目是否能使大学履历看起来出彩。一定不要陷入学术狂热的陷阱！服务性学习有助于培养孩子正直的品格，但这种学习体验必须适合孩子的发展、有意义，并契合孩子的兴趣。因此，要找孩子感兴趣的项目，比如在当地的救济厨房做志愿者，在“特奥会”上帮忙，或者在收容所与孩子们玩糖果乐园游戏。事实上，孩子们在做与自己道德信念一致的事情时，他们的道德模范行为才能被激发出来。S，T
- **多渠道培养正直的品格。**将家庭的道德标准告知祖父母、亲戚和其他深切关心孩子的人；为孩子寻找践行正直品格的教练、老师、童子军教官和俱乐部领导；成立家长小组，讨论如何培养正直的孩子，或者一起阅读相关书籍；与孩子朋友的父母联手，一起做服务项目。孩子们听到的

关于同一品格的信息越多，而且身边正直的榜样越多，他们就越有可能成为有品德的人。A

要点总结

1. 儿童的道德成长是贯穿其一生的持续的过程。

2. 父母在帮助孩子建立指导行为的道德规范方面发挥着重要作用。

3. 必须培养孩子正直的品格，正直的品格会受人影响，要给予孩子示范和教导。要科学地规划好时间！

4. 要反复给孩子传递关于品格的信息，要不断解释品格的重要性。

5. 道德发展不是凭空习得的，而是受到父母、邻居、同龄人、学校和社区的影响。想办法创造正直的文化氛围。

最后的话

1968 年 3 月 16 日清晨，一名 24 岁的陆军一级准尉驾驶着直升机，发现地面上有不少越南平民的尸体。他意识到美国军队正在按照上级军官威廉·卡利中尉的命令向手无寸铁的男女老少开枪。这位年轻的飞行员瞬间面临着道德抉择：是遵从指挥官的指示，还是违抗军方权威，帮助平民，他知道这意味着他可能会被告上军事法庭。

小休·汤普森选择了他认为正确的事。他立即向相关人员报告了这场大屠杀，并通过无线电请求支援。在接下来的几个小时里，他飞越火线，帮助疏散平民，用自己的身体掩护村民。上级军官命令他停手，汤普森拒绝了，他继续为伤员提供医疗服务。他的勇敢行为促成了美莱村的停火命令，并制止了暴行。

那么，汤普森的非凡品格从何而来呢？“我觉得是来自我的父母，他们教会我明辨是非，”他说，“他们总是要求我遵守这一黄金法则：‘己所不欲，勿施于人。’”

艾琳娜·森德勒、马拉拉·尤萨夫扎伊和小休·汤普森，他们三人截然不同，但都做出了非凡的事迹。他们每个人都是在成长过程中学到了正直的品格，所以在关键时刻，他们的唯一选择就是做正确的事情。父母不是偶然之间就能培养出有道德的孩子，他们得有意培养，并为此付出长期的努力。他们每天须利用一点时间来教授正直的品格，所以孩子学会了践行家庭的信念，并茁壮地成长。

第五章

好奇心

打破常规的思考者

3 岁的萨姆·霍顿发明了一种双头扫帚，他把两把扫帚用一根大松紧带绑起来，这样扫落叶扫得更快，由此他成了年龄最小的专利拥有者。

13 岁的阿丽莎·查韦斯对蹒跚学步的幼儿不小心被滞留在车里，因车里闷热而死亡感到非常难过，于是她发明了一种热感坐垫。坐垫中的传感器与父母的智能手机相连，如果孩子被留在车里，手机就会发出警报，提醒父母。

瑞亚·卡鲁曼希 14 岁时遇到了一位女士，她拄着白色手杖，走路很吃力，于是这位痴迷科技的加拿大少女设计了一种名为“智能拐杖”的设施，遇到危险情况，拐杖就会产生震动，提醒用户。

任何年龄段的孩子，都可以成为创新者。而我们面临的棘手问题是，在如今这个从众、考试至上、安全意识极强的时代，尤其是在新冠肺炎疫情之后，该如何培养孩子的创造力。我在世界上最具创造力的实验室里发现了最宝贵的经验。

如果你曾在电子阅读器上读过书，在乐高机器人系统上和孩子一起造过机器人，向 Siri[①] 询问过信息，或者乘坐过装有儿童安全气囊的汽车，那么你就已经体验过马萨诸塞州剑桥市的麻省理工学院媒体实验室的非凡发明。我用了一天的时间观察实验室里这些富有创造力的天才。我发现，这些天才的成功之道是遵循了“4P 原则”：同伴合作（peers）、充满热情（passion）、参与项目（projects）和玩中研究（play）。从幼童到青少年，我们都可以运用这 4 个原则来释放孩子的好奇心，培养孩子的韧性。

Peers（同伴合作）。麻省理工学院媒体实验室坐落在一座奇特的 6 层玻璃建筑中，这座建筑没有墙壁，是一个开放的空间，所有的研究人员都可以从各个有利位置看到彼此。在实验室里，我所看到和听到的就是源源不断的想法，这些想法催生了世界上最具独创性的发明，比如无人驾驶汽车、在沙漠中种植食物、将人类大脑与互联网连接起来。但这里最显而易见的是各类知识分子：计算机科学家、音乐家、神经生物学家、设计师、艺术家、

---

① Siri 是 Speech Interpretation & Recognition Interface 的首字母缩写，是苹果公司在苹果手机、平板电脑产品上应用的一个语音助手。利用 Siri，用户可以通过手机读短信、介绍餐厅、询问天气、语音设置闹钟等。

生物医学工程师和建筑师。他们跨越学术界限，通力合作，为人类寻找解决方案。

当人们——不管年龄多大——在相互合作，并在彼此工作的基础上再接再厉时，好奇心就会迅速发展。我们经常把孩子们的学习分成固定的科目，让他们在高利害的考试环境中相互竞争，如果我们希望孩子们开放包容，接受世界的多样化，他们就必须接触不同的观点，学会合作。

来自巴吞鲁日的 15 岁的香农告诉我："我们不太了解彼此，因为大家总是各干各的。我们应该多开展些团队活动，这样就有更多的时间来发挥创造力，发展各自的兴趣，享受生活的乐趣。"同龄人相互学习时，超越对方的欲望就会降低，因为向对方学习会促使自己表现更优秀，而不会使对方表现更差。

Passion（充满热情）。著名心理学家米哈里·契克森米哈赖发现，富有创造力的人，在充满热情地做事时，会全神贯注，处于一种他称之为"心流"的愉悦状态。"你明白，你要做的事即使很困难，也可以做到，"契克森米哈解释道，"你觉得自己不复存在，而是属于某个更大的事物……你正在做的事变成了本身就值得去做的事。"

在每个实验室里，我都能看到高度专注、活跃兴奋、热切做事的成年人在完成艰巨的任务。我曾目睹研究项目中断、失败、偏离正轨，但这些失败从未使他们止步，设计师们只是收拾残局，改变方向，继续前行。因为是出于热情而做事，即使面临挫折，他们也总是充满活力和渴望。这种提高自我表现的方法也适用于孩子。

观察一下孩子们，他们非常专注时也不会随时止步：此时他们就处于好奇心激发的“心流”状态。在4万多名美国高中生中，有82%的学生表示，他们会珍惜在学校发挥创造力的机会，他们也承认，在从事生活中有意义的活动时，他们最为投入。在以成绩为先的文化中，他们没有机会展现自己的想象力，拓展自己的兴趣，而我们要做的就是发现孩子的热情所在，并加以培养。

桑迪胡克小学发生了枪击案，此事启发了本杰明班纳克高级中学机器人俱乐部的学生，于是他们想办法解决这个问题。高三学生德翁特·安特罗姆说：“我们想弄明白怎样才能阻止入侵者进入学校。”这些青少年发明了一种经济实惠的应急金属门锁，称为“死锁”（DeadStop），这种锁可以轻松地把门锁上，如有枪手出现，可以阻止其进入教室。这一创造性解决方案的产生是出于帮助他人的需要，并防止类似的悲剧以同样的方式在其他学校发生。高三学生安杰耶夫·哈维表示：“我们发明‘死锁’是为了帮助他人，不是为了使我们的大学申请出彩。”这些学生由此获得了由赖弥尔森-麻省理工学院学生奖学金颁发的1万美元奖金，以便他们进一步研究此项发明；与此同时，一家律师事务所愿意做无偿代理，为他们申请专利。他们的发明现在售价为 15 美元。出于帮助人类的热情而进行的创新活动可以产生深远的结果，在任何年龄都如此。

Projects（参与项目）。你是否注意到了，孩子们在参与自己关心的项目时活力倍增？这是因为孩子们在摆弄、分享、建造、绘画、构筑、玩耍、开发，或做我称之为“正在进行”的事情时，他们就产生了好奇心。孩子主动参与时，好奇心会增强，而被动参与时，好奇心会减弱。参与项目研究会引发孩子的好奇心，而完成练习题类的作业会扼杀孩子的好奇心，这就是“正在进行”成为从事实验室研究的关键因素的原因。我所到之处，都能看到麻省理工学院的学生们一起兴奋地从事项目研究，无论是开发概念、设计原型、进行改进，还是产生想法。他们研究出的成品也很出色：亚马逊电子阅览器、落跑闹钟、吉他英雄、交响乐画家、音频聚光灯和 XO 笔记本电脑。这些只是其中的一些例子而已。

学生们的创造性表现堪称典范，原因之一是麻省理工学院有一条公认的规则：人人都鼓励对方要敢于冒险。事实上，根本没有“错误的”答案或“疯狂的”想法，人们期待的是打破常规的想法，挑战和挫折被认为是重新思考和探索选择的机会。麻省理工学院媒体实验室前主任弗兰克·莫斯解释道：“谨慎行事不会产生伟大的想法，相反，伟大的想法来自非常人的思考方式。”

这说明“那不行”或“这行不通”并不在麻省理工学院的常用表达之列。

不幸的是，我们的孩子因为担心自己独创的想法或错误的答案会影响他上大学，因而做事过于谨慎。来自佛罗里达州的一位科学课老师告诉我，他在智能黑板上写了这样一句话：“在这门课上，失败不是一种选择，而是一种要求。”学生们读了之后目瞪口呆。“我用了三个月的时间才说服他们，”他说，“他们现在敢于冒险了，创造力也终于增强了。我还修改了教案，让孩子们以团队形式做项目，他们不断互相重复着‘犯错没关系’。”我们鼓励孩子们要打破常规思考、敢于冒险、参与项目研究，而且他们知道自己也可以选择失败时，他们的好奇心就会越来越强。

Play（玩中研究）。在麻省理工学院，我最喜欢的实验室是终身幼儿园（Lifelong Kindergarten）。在这个实验室里，大学生和研究生本着儿时游戏的精神从事研究工作。柜子上、桌子上和地板上摆满了锤子、钉子、纸板、金属、3D打印机、螺栓、塑料片和白板，这样有助于研究人员以孩子般的兴奋感进行创造发现；从地面直通天花板的架子上摆满了乐高玩具，而且这些玩具都是成年人在玩；电脑和量角器等典型的工程工具换成了可触摸的有形玩具，实验室看起来更像是课间休息的场所，而非高科技研究场所。

但与此同时，学生们也在讨论、合作、修补、创造、质疑和创新产品，以更好地造福人类。终身幼儿园的主任米切尔·雷斯尼克说："如果我们真的希望孩子发展成为有创造力的思想者，我们需要把学校的其他场所——事实上，是生活中的其他场所，改造得更像幼儿园。"

如今的孩子没有了玩耍时间、沉迷于电子产品、感到压力大、精疲力竭，想象一下，他们会有多喜欢按照麻省理工学院的4个原则设计的教室。孩子们告诉我，被动地坐在课桌前、听讲座、完成做不完的作业，对他们来说有多么艰难。有个8岁的孩子把教室描述为"作业工厂"。目前，许多教育工作者认识到了孩子们缺乏好奇心的现状，于是想运用这4个原则：同伴合作、充满热情、项目研究和玩中研究，但他们也遇到了一个意外的障碍：学生们。

休斯敦的一名中学教师实施了"天才1小时"的计划。学生们选择1个他们感到好奇的问题，然后花几周或1年的时间寻找答案。我观摩了老师介绍这个计划，他这样说："我知道你们对一切都很好奇，每周我都会留出1小时的时间，让你们了解自己感兴趣和好奇的东西！你们对什么好奇呢？"

孩子们互相看了看，然后又看看老师，都没有说话。

"说吧！"他说道，"这是你们寻找答案和发挥创造力的机会！"大家仍旧保持沉默。

然后有个勇敢的孩子举起手，说出了同学们的想法。"从来没有人要求我们要有好奇心，”他说，“我们可能需要些时间来思考。”

我和老师互相对视了一下，意识到了一个悲哀的事实：在孩子们紧张忙碌、应试为先的生活中，好奇心这一性格优势是如此的不重要，他们竟然还得获得许可才能有好奇心。麻省理工学院有一套培养好奇心的方法；相关先进组织证实，好奇心对学生的未来至关重要；科学研究表明，好奇心使孩子更有韧性，从而过上更有意义的生活。现在，成年人是时候允许孩子勤学好问、大胆思考，并对周围的世界感到好奇了。

什么是好奇心

> 我们被推着长大，这太累了。我们需要时间玩，做真正的孩子。
>
> ——伊莎贝拉，11 岁，谢尔曼奥克斯

你儿子读一本书时，发现了一种新知识；你女儿参观博物馆时，迷上了一个她从未听说过的概念。突然间，他们想了解更多！好奇心是对探索新奇的、挑战性的以及不确定的事件的认可、追求和强烈的欲望。观察蹒跚学步的孩子探索新环境，你就会看到这种性格优势在发挥作用。

我 2 岁孙子的好奇心无人能阻挡。给他一个木碗和一个塑料勺，滚石乐队就会面临激烈的竞争；给他一支粉笔和一个画架，毕加索也要当心了；如果看到了蝴蝶，他就把自己的事暂时搁置一边。当然，这可能是我的一己之见，但事实是所有幼儿都是富有创造力的天才，有着无尽的热忱去学习、发现、试验、尝试，在好奇心的驱使下，“不、不能、不要”的心态或对成绩、分数和简历内容的担忧，都不会影响他们的求知欲。这其中的技巧是释放孩子的好奇心，因为这样做的好处是深远的。

- 世界经济论坛预测，好奇心、解决复杂问题的能力和批判性思维将是孩子未来最重要的技能。
- 皮尤研究中心最近的一项调查中，90% 的受访者认为，创造力、协作能力和抽象思维能力在不断变化的就业市场中至关重要。
- 领先的世界组织和大学（包括 IBM[①]、哈佛和彭博社）将这种性格优势称为 21 世纪的一项基本技能。

好奇心有助于孩子接受各种可能性，而且能够激发他的学习

① IBM（International Business Machines Corporation）是全球最大的信息技术和业务解决方案公司，总公司在纽约州阿蒙克市，拥有全球雇员 31 万多人，业务遍及 160 多个国家和地区。

动力，无论是在课堂内还是课堂外。好奇心强的学生比好奇心弱的学生更容易在学业上取得成功。事实上，对涉及 5 万多名学生的 200 项研究进行综合分析发现，决定孩子在学校表现的因素中，好奇心和智力同样重要。

这种性格优势激励孩子们以新的方式思考，进行创造发现，同时激发他们的兴趣和创造力。好奇心也促使孩子们获取新信息，思考探索新视野，追逐自己的梦想，寻找解决方案，挑战自我，探索不同的想法，追随自己的热情，以“我还能发现什么？”的心态迎接每一天。正因为此，在好奇心优势方面得分较高的孩子们幸福感更强：他们感到满足，不那么疲惫，因为他们利用自己的优势，去实现自己的抱负，所以他们能茁壮成长。

令人欣慰的是，好奇心也有乘数效应。如果把好奇心和书中讨论的任何一种性格优势结合起来，那就必然会取得成功。简而言之，好奇心能增强孩子的天赋、优势、表现和潜力。

- 好奇心 + 自信：更加开放包容，敢于冒险和探索。
- 好奇心 + 同理心：建立并加强人际关系。
- 好奇心 + 毅力：进行深入学习。
- 好奇心 + 诚实正直：开办社会活动。

有了好奇心，孩子们的生活趣味无穷，他们因而也具备了在充满挑战的世界中茁壮成长所需的技能。遇到障碍时，这种特质有助于孩子想办法解决问题，想办法让自己振作起来，重新开始。这就是我们必须在如今感到疲惫不堪、精疲力竭的孩子身上培养这种至关重要的性格优势的原因。

为什么好奇心很难教会

毕加索说得好："每个孩子都是天生的艺术家，问题在于他们长大后如何保持这种艺术家的禀赋。"好奇心虽然可以学会，但也很容易忘却。帮助孩子保持对知识的渴望是如今全世界的首要任务，但是迫在眉睫的危机是，我们现在培养的孩子缺乏好奇心。

乔治·兰德和美国国家航空航天局的研究人员联手，对1600名儿童的创造力进行了长期跟踪调查，调查发现：4 ~ 5岁的孩子中，有98%的孩子达到创造性天才的水平；5年后，达到这一水平的孩子只有30%；15岁时，只有12%的人是创造性天才；到31岁时，创造性天才的比例下降到只有2%！相关研究也证实，孩子的创造力正在急剧下降。

威廉与玛丽学院的教育学教授金庆熙分析了几十年来数千名儿童和成人的创造力得分，他发现，在1990年之前，人们的创造力一直稳步上升，之后开始下降，而且持续下降。"下降的幅度非常大，”金说，“但是美国小孩子，从幼儿园到六年级创造力得分下降得最严重。”

好奇心减少有诸多原因，如有些教育方式束缚了孩子的好奇心。幸运的是，我们可以从科学中吸取适当的经验教训，从而培养好奇心这一至关重要的性格优势。

一、我们过分依赖外部奖励

“如果我这么做，能得到什么？”“你能给我多少钱？”“少于10美元，我是不会做的。”

如果你听孩子们说过这些话，那么他们很有可能患上了一种叫作“痴迷奖励”的“流行病”，这种病症表现为因某件事做得好，而期望获得贴纸或金钱奖励。但研究证明，有形的诱惑会使孩子的创造力下降，解决问题的能力变差，而且这种影响对学龄儿童的危害比对大学生的危害更大。

- 如果画画是为了得到金色印章和丝带奖励，那么以前曾喜欢画画的学龄前儿童，现在画画的积极性会大大降低；如果他们是在拿到奖励后开始画画，评委甚至会认为他们的画不那么美观了。
- 与得到中等评价的学生相比，因完成任务而受到表扬的五六年级学生，作业质量较差。

- 基于作业结果给予评价，而不是简单地鼓励他们专注于任务本身，导致六年级学生在完成手头任务时的表现、创造力以及兴趣下降。

《奖励的恶果》（*Punishment by Rewards*）一书的作者艾尔菲·科恩对数百项研究进行了分析，他得出了这样的结论：用奖励手段诱惑孩子，最终弊大于利，尤其是不利于培养孩子的好奇心。“奖励能激励人们吗？当然可以。”科恩说，“奖励激励人们去获得奖励。”好奇心是由内心驱动的，因而我们可以公开宣布“小事不奖励”的政策，然后期望孩子——在没有这类诱惑的情况下做出最佳表现。

二、父母管得太细

尽管我们否认自己曾这样做过，但科学表明，我们根据孩子们的年龄对他们区别对待，这就是家中年龄最小的孩子可能最有创造力的原因。全国青少年纵向调查对 11 000 名青少年进行了分析，分析发现，我们对最小的孩子不那么严格了，我们自己放松了，不会像对待大孩子那样时刻围着他们转了，也不会制定那么多规矩了。因此，最小的孩子（如查尔斯·达尔文、哈丽雅特·塔布曼、哥白尼和莫扎特，这里只举几个例子）生活会更悠闲，更乐于接受新观点，也更有创造力。他们也更愿意冒险，思维更有独创性，更敢于质疑权威：这些都是好奇者的特质。

研究还发现，宽松的教育方式培养出的孩子更有创造力。研究人员对比了老师认为有创造力的孩子和创造力不足的孩子，他们发现，与创造力不足的孩子的父母相比，富有创造力的孩子的父母规定的条条框框更少，孩子的时间表和计划表也更宽松。

虽然应该让孩子自己负责，但我们也需后退一步，对孩子管控少一些：太多的限制会阻碍好奇心的发展。因此，要确定好哪些规则是孩子必须执行的（一般是关于安全和道德准则的规则），然后慢慢减少繁多的规则，给孩子探索的自由，让他学会自我满足，减少疲倦感，获得更多的成就感。

三、我们错过了补救的时机

在最近一次 3 小时的飞行旅途中，我唯一的娱乐活动是观察坐在我旁边的一个学龄前儿童和他准备充分的母亲。妈妈的“飞行礼品包”里有练习册、成套的手工用品、抽认卡。从系好安全带到飞机着陆，孩子无时无刻不在忙碌，而且每一项活动都由家长指导。虽然我们的本意是好的，但如果孩子的每一分钟都被塞满了成年人管控的活动，这样会损害孩子的好奇心，使他无法茁壮成长。孩子独处、无人指导时，他的思想可以自由驰骋，这时往往会产生最深刻的个人见解和创造性想法。“独处时刻”也是孩子产生新想法、创造性想法的时刻，或者只是他减压的时刻。

培养孩子的好奇心既不能急于求成，也不能有时间限制，而是需要大量的反复试验。

快节奏的生活使孩子没时间安静地思考，更不用说去观赏云朵了。事实上，7% 的美国学校不再为年幼的孩子安排每天的课间休息了，还把娱乐时间用来备考。而且，不仅仅是课业，我们给孩子报名参加的一大堆课外活动（都是希望他全面发展）反而使他表现平平，感到疲惫不堪。所有这些善意的日程安排进一步减少了孩子肆意玩耍的机会。就算有点空闲时间，孩子们也会花在电子设备上，这并不利于促进好奇心的发展。

看看孩子的时间表：是否有松散的休息时间，让孩子的思想可以随意游走？每周减少一项活动可以腾出时间让孩子释放好奇心。

如何教会孩子好奇

我们必须培养孩子们的好奇心，使他们做好准备来应对未知的 21 世纪，同时使他们茁壮地成长。令人欣慰的是，这一性格优势不是与生俱来的，而是可以培养的。利用这些有科学依据的经验和教训可以教会孩子们三种能力——好奇心、创造性解决问题的能力和发散性思维，从而使他们更强大、更好地适应世界，并感到满足。

一、培养好奇心

如果父母能帮助孩子培养开放包容、充满好奇的心态，以及想象、创造和提出新想法的能力，那么他们对孩子的性格和未来的成功会产生很大影响。奥维尔·莱特[①]说："我们最具优势的就是成长在一个总是鼓励求知欲的家庭。"史蒂夫·乔布斯的父亲在车库里设立了工作室，给儿子留出一个任意摆弄的空间。斯蒂芬·斯皮尔伯格表示，16岁时，父亲送给他一部照相机，他的生活从此发生了变化。马特·达蒙的妈妈说，达蒙多年来每天都要玩几个小时的虚拟游戏，编故事、扮演角色，并以创造性的方式重新演绎自己的经历。

我曾让孩子们描述什么样的体验最能满足他们的求知欲和激发他们的好奇心，结果，从幼儿园孩子到高中毕业生，无一例外地把开放的、活跃的、以孩子为主导的体验称为不同寻常的体验。

> 科学项目，因为我们自己把问题搞清楚。昨天我们把葡萄干放在气泡水里，葡萄干就在气泡水里翻滚，但是葡萄干放在饮用水中却会下沉，后来我们猜出了原因！——约翰

① 奥维尔·莱特与他的兄弟威尔伯一起创造了航空史。

尼，7 岁，兰乔米拉日

我们的媒体实验室！我们可以自己设计网站，而且主题是我们感兴趣的，目前我正在创建一个关于濒危动物的网站。”——吉安娜，11 岁，堪萨斯城

历史课！老师让我们假装自己处于课文中提到的地点。我们闭上眼睛，想象自己就在布尔溪战役中，想象我们的样子、穿着、举止和感受。她让历史鲜活起来！——莎莉，16 岁，达拉斯

这样的机会有助于孩子相信自己有创造力，使孩子保持好奇心。以下 7 个因素经证明可以培养好奇心。我们可以在家里和学校加以利用。

C = Child-driven（以孩子为主导）。活动能激起孩子的兴趣或热情。

U = Unmanaged（不被成人管束）。规划、组织或指导自己学习的是孩子，而不是成人。

R = Risky（有风险）。任务有些不确定性，有点超出孩子的舒适圈。

I = Intrinsic（内在驱动）。活动是孩子由内而外驱动的，而不是由奖励驱动的。

O = Open ended（结果开放）。结果未知，答案或可能性不

止一种。

U = Unusual（不寻常）。任务很新颖，有机会探索或体验未知。

S = Solitude（独处）。有时间去沉思、遐想，整理思绪或恢复活力。

但是，想向孩子灌输好奇心是一回事，而了解如何将这些经验教训融入日常生活则是另一回事。在这个人人具有安全意识、未来难以预测、疫情蔓延的世界里，这些经验教训甚至更为重要。下面这些具体的想法可以让孩子建立好奇心，并教会他以好奇的心态对待生活。

- **提供创意时刻。**回顾促进好奇心发展的7个因素，并评估孩子每天能经历其中的几个，缺失哪些因素？你怎样才能增强孩子的好奇心？你又如何开始做呢？
- **利用开放式玩具、小工具和游戏。**如果有机会尽情发挥自己的想象力，而不必担心答案是否正确，那么富有创造力的孩子就能在这样的体验中茁壮成长。因而，要给他们一些可自由使用的、开放式的物品，如记号笔、手指颜料、方糖、纱线、冰棍棒、纸管和胶带，让他们建造建筑物，这样他们就能放飞思想。（我儿子喜欢手拿速食布丁在厨房柜台上画画。）在冰箱里放一些自制的彩色橡皮泥；给孩子们手电筒和床单，以便他们把床单搭在椅子间，建造堡垒、城堡和洞穴；给孩子们回形针和扭扭棒，挑战一下他们，看看他们能有多少种不同寻常的方法来利用这两样物品；或者给年幼孩子们泥土、沙子和水，让他们发挥自己的创造力。

- **用“我想知道”来提问。**说出我们自己好奇的事，会让孩子产生好奇。因此，首先向孩子们大声说出你的疑惑：“我想知道为什么湖会结冰？”“我想知道如果蜜蜂灭绝了会发生什么？”“我想知道天空为什么是蓝色的？”然后鼓励孩子们分享他们自己的好奇事，挑战他们，让他们自己找答案，并运用下一条技巧来保持他们的好奇心。
- **延续好奇心。**与其和孩子说“那行不通”，不如试着说“让我们看看会发生什么！”；与其给出孩子答案，不如问问孩子“你怎么想？”“你怎么知道的？”“你怎么发现的？”。当你和孩子一起读书、看电影，或者只是从某人身边走过时，用一些“我想知道”的问句来表现你的好奇。“我想知道他在干什么？”“我想知道她要去哪里？”“我想知道他们为什么要那样做？”“我想知道接下来会发生什么？”
- **创造自由体验的空间。**无论年龄多大，人们的好奇心都能通过有趣的、积极的、自己动手的、学习的体验而得到迅速发展。所以，我们可以为孩子创建一个麻省理工学院或史蒂夫·乔布斯的车库那样的自由体验区，在那里，孩子和朋友们可以放飞想象力。洛杉矶一所中学的两个12岁的孩子告诉我，一天中他们最喜欢的时段是在课后“体验俱乐部”。女孩们给我展示了几张桌子，桌上摆满了破损的手机、键盘、电脑、立体声音响和收音机，她们可以拆开、重新组装、修理这些东西。“我们可以把东西拆开，搞明白，”其中一人解释道，“这是我们学习创新的方式。”收集电线、钩子、磁铁、锤子、钉子、杠杆（以及随便什么东西）；旧相机、电脑、手机、光盘播放机以及供孩子们拆装的小玩意。另外，在社区找找是否有创新实验室、儿童探索博物馆或创客空间。

- **允许独处。**富有创造力的孩子需要时间遐想、玩耍和想象。留意孩子周末或放学后的安排，要为他留出没有电子设备干扰的休息时间，要帮孩子学会享受独处。在篮子里装满物品，然后逐步介绍给孩子，了解他的兴趣所在。

二、集思广益，创造性地解决问题

解决问题能激发好奇心、产生想法、发展发散思维、战胜挑战、增强韧性。即便是学龄前儿童，也能学会解决问题。广受尊敬的心理学家乔治·斯皮瓦克和默娜·舒尔发现，当幼儿学习这项技能时，如果事情进展不顺利，他们也不会冲动行事，反而会更关爱他人，不会对他人漠不关心，更容易结交朋友，在学业上也更成功。有很多有趣的方法可以教会孩子这项基本技能，而且我最宝贵的经验也正是从孩子们那里学到的。

头脑奥林匹克竞赛是一项国际性的创造性解决问题的竞赛，从幼儿园孩子到大学生都可参赛。我曾指导过 3 支小学团队，我坚信，参赛过程是激发孩子创造力的最好方式之一。一个团队最多 7 名成员，他们在长达一年的时间里共同解决一个问题，从发明工厂用机器到为《白鲸》（*Moby Dick*）续写新篇章等，问题涉及面很广。然后，在没有成人帮助的情况下，孩子们创作脚本，准备布景、服装、道具，通过表演向成人评委展示他们的解决方案，而获胜的标准是：创造力！

我的职责是帮助孩子们学会合作，学会打破常规思考，利用彼此的优势（理想的团队成员各自具有不同的优势，如音乐、艺术、科学、设计、戏剧和写作），并确定要解决的问题。有一年，有位成员和其他团队成员说，他很担心树木，他宣称“树木濒临灭绝！”，这些五年级的学生听了很生气，决定他们要解决的问题就是“树木问题”。我教他们如何集思广益，但在他们创作脚本时，我就退居幕后。看到他们在参赛过程中敢于冒险，解决问题的能力和创新能力不断增强，我感到很惊讶，我看到麻省理工学院媒体实验室的 4 个原则在发挥作用。

他们最后的表演证明了孩子们的创造力。约翰尼·阿普尔西德介绍了树木问题，两个男孩穿越时空（通过一床有洞的床单），演绎了未来没有树木的情形，三个“森林护林员”提出减轻树木濒危状况的创新性方案，最后，另一个团队成员拜伦·威廉姆斯唱了一首他根据《天下一家》（*We Are the World*）曲调所写的歌，结束了本次表演。

> 现在是唱‘树之歌’的时候了。
> 有很多很多的话要说，所以让我们开始唱歌吧。
> 这是我们正在做出的选择，我们是在救自己的命。
> 所以，为了我们的世界，留下我们的树木吧。

拜伦激动人心的歌词和洪厚的嗓音震撼了全场。7 名各有优势的五年级学生就共同感兴趣的问题表现出了好奇心，并取得了成功。那一年，这个团队获得了所在州的第 3 名，这场竞赛教给了他们重要的人生经验，但我用了 20 年时间才完全认识到这些经验的价值。我刚给家乡的老师们做过一个主题演讲，演讲结束后看到一个年轻人站在讲台台阶下，手里举着一张照片，我立刻认出了这张照片：参加头脑奥林匹克比赛的五年级团队！那位男士笑了笑，指了指照片中那个装扮成树的男孩，然后又指了指自己。是拜伦！他教了几年音乐了，现在是三年级的音乐老师，他来听我演讲，是因为他想告诉我这段经历的价值。

“头脑奥林匹克竞赛帮助我们发现自己的创造力，”他告诉我，“这场竞赛还使我们有机会学会共同合作，解决我们深切关心的问题。这正是如今的孩子们所需要的。”

有时候，教育孩子取得的经验教训是需要时间才能理解的。作为孩子们的指导老师，我现在意识到，他们的创造力能够不断发展的一个重要原因是他们反复进行头脑风暴：这正是所有孩子现在以及以后茁壮成长所需要的。

头脑风暴能激发孩子们的创造力，让他们做好准备应对挑战，从逆境中振作起来，而且这种能力是可以培养的。首先，要给孩子解释头脑风暴的意义：“每个问题都有解决办法，找到解决办法的诀窍就是头脑风暴或‘激发你的大脑’。”其次，和孩子们分享头脑风暴的 5 条规则。首字母缩写词 SPARK（激发）中的每个字母代表一条规则，把 SPARK 规则张贴起来有助于孩子们记住这些规则，最终要达到，在没有视觉提醒下或我们的指导下，他们也能运用这些规则。

S = Say the problem（说出问题）。向自己或他人说明需要解决的问题。

P = Positives only（只说出积极的想法）。设定不进行评判他人的规则，贬低和批评会扼杀好奇心。

A = Add on to create more options（不断补充以便有更多选

择）。借用别人的想法也可以，每个想法都很重要。

R = Rapid-fire ideas（快速说出想法）。想到什么就说什么，快节奏可以激发创造力。

K = Keep storming until there are no more ideas or the time limit you set to brainstorm expires（保持头脑风暴，直到想不出更多的想法，或者设定的时限已到）。选择你和团队都认可的想法。

然后，与孩子一起或全家人一起，利用与年龄相关的问题来练习 SPARK 规则。这里举几个例子："我们给小狗取什么名字？""为什么说谎不对？""学校如何才能更适合孩子？"孩子可以自己运用这些规则来解决问题，也可以和其他人一起运用这些规则，这样他就能学会与他人合作，一起进行头脑风暴。从此刻起，孩子面临困境时，不要帮他解决，而是要激发他的创造力："开动脑筋，想想你怎么才能解决！我知道你可以。"

三、创造性地冒险

我曾在波士顿一所富裕的精英学校观摩 AP 历史课，当堂老师很有魅力，熟悉历史学科，关心学生。这堂课是关于大屠杀的，他希望孩子们能深入思考，所以他提出了课文之外的发人深省的问题。

"为什么直面这段残酷的历史如此重要？"

“人类的尊严意味着什么？”

“有什么创造性的方法可以确保人们牢记大屠杀？”

这些聪明的、受过良好教育的孩子都了解这段历史，但我看到他们在犹豫。没几个人举手，举手的也只是试探性地简单说了几句，没有人提出有理有据的新奇想法或独创的想法。他们认为，得到老师的认可而获得高分，比冒险提出不同的想法要好。有个学生后来和我解释说：“我不想说，因为可能会影响我的成绩。”他们的行为展现了一种令人不安的新趋势。

许多老师担心，学生们思想谨慎，不愿偏离现状。部分原因可能是他们痴迷成绩，想让自己的简历出色。孩子们把很多的精力都花在参加考试、获得好成绩、积攒荣誉和物质奖励方面，因而他们认为，在课堂上和大家分享自己独创的想法可能会拉低自己的分数、影响上大学，这样做不值得。

大学老师也注意到了这一令人不安的变化。耶鲁大学前教授威廉·德雷谢维奇将如今的大学新生称为“优秀的绵羊”。他认为，我们的教育体系培养了聪明、有才华、有上进心的学生，这点没错，但他们也焦虑、胆小、迷茫，缺乏求知欲和使命感。这样的孩子不属于我们希望培养的类型，即能茁壮地成长、有满足感，或者做好准备去应对竞争激烈的未知世界。

圣迭戈州立大学的心理学家琼·特文格是研究代际差异的权威人士，他看到了另一个令人不安的趋势。大学生痴迷于情感安全，不想听到“无礼的”观点，甚至不想面对与自己意见相左的人。2017 年的一项调查发现，近 60% 的大学生表示，加入校园社区很重要，因为在社区里不会遇到狭隘无礼的想法。如果学校邀请了一位备受争议的演讲者，学生们就认为，学校应该允许他们进入安全空间，这样他们就不会受到贬损或冒犯性观点的影响。（一些大学设置了“安全室”，里面放有很多饼干、泡沫、橡皮泥、舒缓的音乐和小狗嬉戏的视频。）学生们还要求课堂上不应出现令他们感到不适的词语和话题，他们希望大学教授能对情绪化的想法提出警告，如《分崩离析》（*Things Fall Apart*）中的种族暴力和《了不起的盖茨比》（*The Great Gatsby*）中的身体摧残。请牢记，这些发现是在新冠肺炎疫情暴发之前，新冠肺炎疫情需要采取极端措施（消毒、戴口罩、保持社交距离、洗手）来保护个人健康。疫情对儿童的影响仍然是个巨大的未解之谜，但就韧性方面所做的研究表明，危急事件只会使状况更糟，孩子们一定会更加担忧自己的情感和人身安全。

过度保护不利于培养孩子们的好奇心，也不利于他们茁壮成长，而且会使他们变得更加脆弱、依赖性更强、压力更大，不愿意去冒险，他们的抗压能力降低，创造力被扼杀，空虚感倍增。如果希望孩子们做好准备迎接 21 世纪，我们可以采取的部分措施是帮助他们适应不同的观点：毕竟，这样才能培养好奇心、增强同理心、提高公民参与意识、培养自主性。因而，我们必须让孩子远离任何可以想象的不适，而且必须从小就这样做，而不是从高中毕业或大学再开始。但是，我们该如何督促孩子去冒险，哪怕有时会失败也是可以的呢？

- **允许打破常规。**好奇的孩子们热衷于自己原创的想法，愿意为这些想法而申辩，但他们必须得到成年人的支持，这样他们才能打破常规。你向孩子表示过支持吗？孩子知道你欣赏他的独创吗？你向孩子解释过失败是生活的一部分吗？你是不是不再总是保护或帮助孩子，不让他犯错或面临挑战呢？如果希望培养出的孩子能适应世界、充满好奇心、茁壮地成长而又不会有空虚感，我们需要给他空间，让他去冒险，提出原创性想法，发展创新性思维模式。
- **扩展舒适区。**不愿冒险的孩子们需要一步一步地走出舒适区，直到他们可以放心地分享自己原创的想法。首先，我们鼓励孩子稍微冒点险："明天举手，只一次就好""先把你的想法写下来，这样你就有勇气和全班同学分享""课后告诉老师你的想法"。其次，我们要逐步增强孩子们的信心，直到他们能够独自承担创造的风险。
- **举行家庭会议。**定期举行家庭会议有助于孩子学会畅所欲言，提高解决问题的能力，学会发散性思维。家庭会议的话题可以多种多样：宵禁、家务、兄弟姐妹冲突、家庭作业以及现实世界的话题。孩子也可以练习这一章提到的技能。鼓励孩子发表意见，但不要进行评判，这样孩子才能学会独立发言。此外，一定要制定相关规则，这样孩子才可以放心地分享不同的观点。

每个家庭成员都是平等的，人人都有权利发表意见以及倾听他人的意见。你可以不同意某一观点，但表达时一定要冷静、尊重他人。

安排定期会议：理想情况下，每周一次，每次持续20 ~ 30分钟。

决定决策方式（多数人的意见或全体一致的意见）。

轮换角色，每周为每个成员分配不同的角色：主席、议员、秘书、计时员和加油的啦啦队队员。

- **鼓励辩论。**我最近听了芝加哥大学校长罗伯特·季默的演讲，他谈到，有必要让学生们做好充分准备，来应对他们即将面临的复杂世界。他坚持认为，现今的孩子必须学会挑战自己及他人的观点，并能有理有据论证自己的立场。后来，他又在国会听证会上提到：“如果教育不能使学生们获得这些能力，那么在未来进入职场，面临复杂的未知世界时，他们就无法做出明智的决定。”我完全赞同这个观点，而且我认为，辩论是让孩子了解不同观点的一个很好的途径，它有助于孩子提出理据论证自己的观点，辨别虚假信息，并找出自己和持不同意见者之间的观点差异。

第一，改变与年幼孩子讨论的方式。可以和小孩子讨论这些话题："我们下一次家庭读书会朗读什么？""我们晚餐吃什么？""猫和狗，哪种宠物更好？"佛罗里达州的一位父亲和6岁的双胞胎儿子之间的讨论非常有趣，他们的讨论须遵守这样一条规则："任何答案都可以，但必须给出理由。"关于哪种宠物最好的问题，他儿子的回答是："狗最好，因为它会吠叫来保护我们。"（告诉孩子们在回答中运用"因为"来提醒他们给出理由。）

第二，教会年龄稍大的孩子理性辩论。让孩子观看富有创造力的辩论电影，这样有助于10多岁的孩子和青少年学习发散思维技能。学校要经常为年龄稍大的孩子举办辩论俱乐部，一定要和孩子分享德斯蒙德·图图的建议："争论时不要大声，而要提出理性的论据。"

- 鼓励进行建设性争论。大多数孩子会尽量避免提出不同意见，但建设性的争论有助于他们了解不同的观点，学会独立，还有助于激发他们的好奇心，使他们不太抵触冒险，更愿意说出自己有创意的想法，更乐于听取不同的意见。《离经叛道》（*Originals*）一书的作者亚当·格兰特称："如果没有人提出不同意见，你不会放弃传统的行为方式，更不会尝试新的行为方式。"格兰特还提到，尽管最富有创造力的人成长在充满（健康的）争论的家庭里，但很少有父母教过他们如何进行建设性的争论。所以，我们要教会年龄稍大的孩子运用以下三个步骤进行建设性争论，这三个步骤可以用首字母缩写词“ARE”来表示。

A=Assert（表达观点）。要简明扼要地表达自己的观点，并用事实来论证自己的主要观点。“我认为……”或“我读过……听说过……相信……”10 岁的山姆这样表达自己的观点：“我认为应该给我更多零用钱……”

R=Reason（陈述理由）。接下来，用合理的或已证实的理由来支持自己的论断：论证中的“因为”部分。山姆给出的理由是：“……因为我又长大了一岁……”

E=Evidence（提供证据）。最后，为自己的理由提供证据，即论证的“例子”部分。山姆提供的证据是：“……给我同样的零花钱，我能做两倍的事。”

发散性思维能力需要不断练习才能获得，因而，家庭成员之间要经常进行讨论和辩论来帮助孩子掌握 ARE 这三个步骤。家庭可以讨论的话题有：“看电视弊大于利”“应禁止杂货店使用塑料袋”“学校应该允许使用手机”“做领导者比做跟随者好”“学校应该全年无休”。此外，要选择有争议的话题、孩子真正面临的困境或新闻故事，然后开始讨论！孩子可以轮流就问题的利与弊提出自己的观点。

好奇心如何成为孩子的超能力

为人父母从来都不容易，但我们的终极目标是帮助孩子们达到个人最佳状态，使他们做好充分准备来应对生活中的各种挑战。培养孩子的好奇心会提高达到终极目标的概率，但要培养孩子的好奇心，我们必须退后一步，不再犹豫，根据孩子的兴趣来调整我们的教育方式。这是培养孩子天赋的另一种方法，同时也为孩子的成功铺平了道路。

波林和赫尔曼从第一个孩子刚出生就为他担心，他生下来头部就畸形，他们担心他发育会有问题。的确，这个儿子学说话很晚，3 岁了才开口说话，但在大声说出来前，总是先轻声自言自语，就此，波林和赫尔曼咨询了医生，做了最坏的打算，但他们也发现这个孩子充满了好奇，于是，他们就着手培养孩子的这一优势，孩子因此得以茁壮成长。

这个男孩按照自己的节奏发展，他喜欢漫步，妈妈波林就鼓励他去探险，鼓励他在小时候就自主做决定。妈妈还教他拉小提琴和弹钢琴，并经常弹奏古典音乐来激发他进行头脑风暴，帮助他发展创造力。爸爸赫尔曼知道他对能移动的部件很好奇，就给他买了一个袖珍指南针。他想知道为什么指针不动时，赫尔曼解释说，地球就像一块巨大的磁铁……就这样，孩子对科学的好奇心得以延续。

这个男孩很难安静地坐着，因而，上学对他来说很有挑战性。他讨厌死记硬背，喜欢幻想，还经常质疑老师。富有创造力的孩子往往不太讨老师喜欢，而听从指挥、听话的学生才受老师青睐。因此，这个男孩的创造力在学校不被重视也就不足为奇了。（有位教育者甚至直截了当地告诉他，他不会有多大成就。）他对学习的渴望不是来自课堂，而是来自他的家庭，也正是家庭培养了他的好奇心。

他喜欢建造建筑，父母就给他弄来许多纸板，让他建造大房子；他喜欢看叔叔设计小玩意儿，他们就让他在父亲的电气车间里随意摆弄；他对科学、物理和几何非常痴迷，家里的一个朋友就送给他好多相关的书籍；他对解题很着迷，父母就给他买来教科书。就这样，他的好奇心越来越强。

这个孩子就是阿尔伯特·爱因斯坦，世界上最有创造力的天才之一。他曾说过："我没有什么特殊才能，我只是非常好奇。"虽然我们的目标不是要培养像爱因斯坦、玛丽·居里、莫扎特或弗里达·卡罗这样的人，但我们可以确定孩子的好奇心、优势和兴趣，使他渴望学习，让他的想象力自由翱翔。波林和赫尔曼·爱因斯坦为我们提供了有益的经验。

按照年龄培养孩子的好奇心

4门大学预修课程，再加上军乐队和剧院演出，占用了我很多空闲时间，我没有时间做自己喜欢的事。因此，我感觉压力越来越大，也感到很空虚。

——罗宾，15岁，加州托伦斯

下面的大写英文字母代表每项活动推荐的适合年龄段：Y代表幼童、学步儿童及学前儿童，S代表学龄儿童，T代表10 ~ 12岁及以上的青少年，A代表所有年龄段的人。

- **让年幼的孩子了解富有创造力的人物。**儿童书籍中的人物能创造性地解决问题，这样的书籍非常适合用来和孩子讨论好奇心。Y，S
- **限制使用电子设备。**许多顶尖技术大师，如苹果公司联合创始人史蒂夫·乔布斯、3D机器人公司首席执行官克里斯·安德森和微软前首席执行官比尔·盖茨都严格限制孩子使用电子设备的时间，他们担心电子设备会降低孩子的好奇心。因此，要根据家人需使用电子设备的时间，设定禁止使用电子设备的具体时间，可以考虑运用屏幕时间跟踪软件和家长控制应用程序来监控设备的使用时间和使用人。然后，借助本章的思路，在空闲的、不使用电子设备

的时间里，培养孩子的好奇心。A

- **提出创造性的挑战。**发散性思维是一种创造力，这种创造力能够创造性地解决问题，而且不会拘泥于常规的解决办法。向孩子们提出创造性的挑战有助于他们发展这种能力，随着时间的推移，创造性的挑战会激励孩子们创造性地冒险，促使他们打破常规，想出多种方法解决问题，并反思“如果我这么做……或者试试那样做，会怎样？”。要利用相关材料，每周向家人提出一个创造性的挑战：“你能有多少种不同的方法……”S，T

  用回形针可以做什么？（提供一盒回形针）

  从这里怎样移到那里？（车道的尽头、卧室、草地对面等等）

  用一盒扭扭棒做个东西？

  用圆形（或三角形、正方形、长方形等）画成什么图形？

  用勺子和碗可以做什么？

  用绳子（或纱线）和剪刀做个东西？

  用棉球和胶水做些东西？

  用纸巾管和胶带可以做什么？

  用纸袋、剪刀和记号笔可以做什么？

  用纸杯和冰棒棍可以做什么？

- **播放展现好奇心的电影。**在电影《火星救援》中，宇航员马克·沃特尼被困在火星表面，必须想办法生存。他充满了好奇心，不断尝试和解决问题，最终因创造力而幸存下来。电影有助于孩子认识到，充满好奇的人不能马上想出答案，但要坚持！适合年幼孩子的电影有：《爱丽丝梦游仙境》《海底总动员》《老雷斯的故事》《超人特工队》《小鬼当家》《十月的天空》。适合大一点的孩子的电影有：《时间的皱折》《模仿游戏》《敦刻尔克》《隐藏人物》《阿波罗13号》。A

- **鼓励提问题！**好奇的孩子通常一天会问73个问题。不幸的是，大多数孩子的好奇心在4岁时达到顶峰，因为我们没有给予鼓励，他们就不再提问了。我们可以运用以下4个技巧来回答他们的问题，激发他们的好奇心。

  鼓励："我喜欢你的问题！""好主意！""请继续提问！"

  澄清："你的意思是……？""你是在问……？""你能重复一遍吗？"

  寻求答案："不确定，但我会弄明白的。""好问题！我猜爷爷一定知道。"

  一起解决："我们可以咨询一下谁呢？""我们用网络搜索一下吧。""我们去图书馆查询吧。"A

- **利用手指解决问题。**帮助孩子认识到，犯错并不意味着失败，而是提供了学习的机会。我孩子还小的时候，他们喜欢利用手指解决问题。我告诉他们："遇到问题时，可以利用手指帮你想出解决办法。竖起大拇指，"说出问题"，然后伸出食指、中指、无名指，"伸出一个手指说出一个解决方案"。伸出小指时，"选择最好的方案，并去实施"。过一段时间后，他们就会开动脑筋，独自解决问题了。Y

- **玩游戏解决问题。**玩游戏解决问题可以帮助大一点的孩子练习头脑风暴，这样做的目的是为一个问题产生多个解决方案。而且，玩游戏时设定时间限制会使游戏更具挑战性："看看在三分钟（或任何时间段）内我们能想出多少解决方案。"用计时器或手机秒表来计时，指定一个孩子来统计解决方案，然后与先前的解决方案进行比较。此外，选择的问题应适合孩子的年龄，可以是真实的问题，也可以是虚构的问题。如："你如何应对骂人的孩子？""不花钱感谢别人的方式有哪些？""你能给总统提什么建议来拯救鲸鱼？"要提醒孩子："别担心你的想法听起来会很愚蠢。把你的想法说出来，因为它可能衍生出另一个想法。"S，T
- **提供开放式学习的机会。**开放的、动手的、以孩子为主导的体验会提升孩子的好奇心。孩子在学校的学习可能是项目式学习，户外学习、设计思考、服务式学习，参加科学项目、头脑奥林匹克竞赛、国家历史日活动以及戏剧、艺术、辩论、音乐和机器人活动等，或者参加童子军、宗教团体、探索博物馆、夏令营或团队运动等课外活动。此外，我们可以和志趣相投的家长一起联手，创建与孩子的兴趣和热情相契合的项目，但要确保项目以孩子为主导。A

要点总结

1. 开放的、动手的、以孩子为主导的体验会提升孩子的好奇心。

2. 孩子必须在感受到成年人的支持下，才会偏离常规，发挥创造力。

3. 在不给予奖励的情况下，孩子更可能打破思维定式，进行创造性的冒险。

4. 好奇心和最佳表现是由激情驱动的——要帮助孩子找到他的激情。

5. 人们在互相合作，并在彼此工作的基础上再接再厉时，好奇心会增加。

最后的话

在从事好奇心研究时，我阅读了几十份研究报告，采访了许多顶尖的学者，但如何培养好奇心的最佳答案却来自一个早熟的8岁孩子。我在迪拜召开的一个国际教育会议上遇到了亚当·埃尔·拉菲，当时我受邀在会上发言，但他抢了风头。这位极具禀赋的小男孩担心学校会扼杀好奇心，在面对教育工作者和政治领袖而发表的10分钟演讲中，他表达了自己的担忧。

“学校不允许我们尽情发挥创造力。”他对代表们说，“学校不应该限制孩子们的创造力，要求他们只能遵循一种特定的方式做事，比如，只能在线条内涂色。”亚当提到了著名的抽象艺术家，他指出，他们不在线条内着色，我想说他们做得非常好。那我们为什么非要在线内涂色呢？”

他向家长们传达了这样一个信息：“没有什么想法是荒谬的、不应予以考虑的。向我们详细解释一下，我们理解之深可能会让你们大吃一惊。”

他希望教育更加个性化。“学校的确需要专注于教我们如何独立思考，敢于梦想，用不同的方式思考。所以，与其专注于教我们已知的东西，不如教我们如何让未知成为可能。”

孩子的好奇心正在急剧减少，而一个8岁的孩子正站在台上，提醒大人们要把培养孩子的好奇心放在首位。我们必须重新审视孩子的教育，调整我们的教育方式，释放孩子的好奇心，让他跟上时代的步伐。亚当说得很好："孩子们必须学会独立思考，敢于梦想，以不同的方式思考。"成年人应该听从他的建议。培养具有性格优势的茁壮成长者，这是最佳方法之一。

第三部分

培养意志

父母要给孩子们机会，让他们自己去体验生活，从失败中学习，不要总是告诉他们应该做什么。我们必须学会自己生活。

——泰特，13 岁，博伊西

第六章

毅 力

有始有终，不需要物质奖励

自 2012 年起，每年夏天，佛罗里达州湖高地高中的 100 多名男女学生都会前往位于阿勒格尼山脉的奥德赛户外领导力学院，进行为期 7 天的野外体验。我采访了其中的一些学生，他们说，这种体验改变了他们的人生。

有个十几岁的孩子告诉我：“我回到家之后，觉得自己已经是个成人，不再是个小男孩了，这感觉真不可思议。”当几个月后我再和他聊起那段经历时，他仍旧很兴奋：“我发现我有勇气克服恐惧了。”

奥德赛户外领导力学院的创始人兼执行董事 T. S. 汤姆 · 琼斯曾任美国海军陆战队少将。他认为，有效的领导力需要心理、道德和身体这三大因素，他崇尚的理念是“在逆境中成长”。他相信，只要走出舒适区，就会取得进步。琼斯如此反复地提醒青少年："这一周你们要做一些真正挑战自我的事，但如果我们没有让大家走出舒适区，我们就失败了。"

野外体验过程从青少年来到学校的那一刻就开始了，他们与朋友们分开，被分配到不同的小组里，每个小组由 21 名同性别的学生构成，各小组都配有导师。然后他们开始从事各种活动：攀岩、攀绳网、在 9 米多高的高空走钢丝、雨中激流勇进、长途徒步旅行。这些活动令人惊魂，青少年们面临着真正的危险，他们没有安全网的保护，只能靠自身毅力和彼此帮助来保障安全。事实证明，这些经历正是那些疲惫不堪、没时间玩耍、备受呵护的孩子所迫切需要的。

营地毕业学员安德鲁·C 和我说："我们这代人之所以压力很大，是因为我们被父母宠坏了。如果总是有人帮忙，我们就失去了靠自己取得成功的机会。在奥德赛学院的每一次体验都让我们变得更加自信，因为我们促使自己走出舒适区，自信心因而不断地增强。我们认识到，自己比想象中更加强大。"这是培养毅力和韧性的最佳方式。

培养毅力还要求孩子们学会应对挑战，在没有大人的帮助下坚持到底。"要是我们当中有人遇到了问题，奥德赛学院的辅导老师就会告诉我们：'这不是我们的问题，而是你们自己的问题。'"奥德赛学院以前的毕业生琼解释道，"奥德赛学院不许我们用手机，所以我们没办法给妈妈打电话，因此，我们学会了互相交流。而且，当你成功解决了问题时，你就会明白，自己有能力做以前认为自己永远做不了的事。这时，你就真正地成长起来了。”

詹娜在妈妈去世后，8岁就参加了奥德赛的夏令营，她说，这次经历让她重获新生。“我曾是个情绪低落的小女孩，但是奥德赛学院帮我发现了自己内在的力量，这是我在熊洞里学到的。辅导老师拿着手电筒，带我们进入了一条狭小黑暗的隧道，我们只能爬过去，当时我觉得这简直是强人所难。”詹娜回忆道，“但是在辅导老师的鼓励下，我意识到，我有勇气和力量，我能做的事远超自己的想象。最后，我终于战胜了自己。”

或许，奥德赛学院最简单的性格塑造课程就是让成年人停止溺爱孩子，不再总是亲力亲为。这也是我不断从学生那里听到的信息。埃米说：“经历逆境之后，你学会了坚毅，这样你就有机会发现自己其实比想象中更能干。”

埃玛告诉我：“奥德赛学院迫使你在逆境中成长，因为你得摆脱他们设定的令你感觉不适的环境。”

17岁的威廉总结道：“孩子们需要的，是一步步地学会面对逆境。我们一定要清楚，我们是有能力的。”

约内斯将军提醒营员们：“真正有价值的品格会促使你成为你想成为的人，比如你的性格，你必须努力培养你的性格。”而这正是我们旨在每一堂课上教给孩子们的关键。

什么是毅力

学会自力更生，你就可以学会毅力和自信。

但我们这一代人面临的最大的问题是，人人都想为我们代劳。

——戴维，14 岁，得梅因

每位家长都希望自己的孩子成功，但科学表明，我们用错了方法。麦克阿瑟奖获得者、心理学教授安杰拉·达克沃思在中学当数学老师时就开始寻找成功的秘诀。她注意到，那些她认为“天生”数学能力较差的孩子比那些在数字方面有天赋的孩子的实际表现更好。这是为什么呢？

达克沃思对 164 名中学生进行了一学年的跟踪调查，发现了一个秘密：学生们在自律方面的得分比智商更能预测他们的平均绩点。那些能坚持不懈的孩子（即使他们一开始并不理解某个概念）才能在她的课堂上取得佳绩。但是，孩子有毅力是否预示着他在其他方面也会取得成功呢？

为了找到这个问题的答案，达克沃思开发了一个“毅力量表”，供人们评估自己的毅力，量表中有类似这样的评价：“我无论做什么都有始有终”或者“我曾战胜挫折，从而攻克了重大挑战”。她运用量表对西点军校的新生学员进行了测试：相比于学业成绩、年级排名、运动能力和领导能力方面的得分，毅力方面的得分在预测学生的辍学方面更加准确，毅力得分较低的学生往往容易辍学。她对特种部队队员进行了测试：那些在艰苦的新兵训练营中脱颖而出的优秀人才都很有毅力；她也测试了参加斯克里普斯全国拼字比赛的参赛者，有毅力的孩子在比赛中的获胜次数更多。她还跟踪调查了一所常春藤盟校的本科生，有毅力的学生（尽管 SAT 分数较低）比那些毅力较差的学生的平均绩点更高。她不断地进行相关研究，但有一条结论始终不变：成功人士总是有毅力的人，而不是那些更加聪明的或更有才华的人。

当其他原因使孩子很容易放弃时，毅力帮助孩子坚持下去。对孩子来说，毅力可能就是勇敢的小火车头，小火车头在山上面临每一次挑战时都会说：“我想我能做到，我知道我能做到。”对于父母、教练或老师来说，毅力意味着孩子能坚持下去、不会放弃，这样他才更可能出类拔萃。

而且更为重要的是，毅力并非一成不变或是完全由基因决定，就像目前我们在本书中讨论的其他品质一样，毅力可以通过正确的训练得到增强和提高，而且强化这一特质能带来巨大的好处。增强毅力能够增强孩子的韧性、改善心理健康、提高成绩、增加自信、增强自制力、实现自立以及提升希望等等。简言之，能否坚持完成任务以及能否坚守长期的目标是预测能否取得成功的最佳因素，而且这一点比智商、学业成就、SAT 分数、课外活动和考试分数更为重要。毅力使孩子一直向前，努力去实现自己的梦想，还有助于他茁壮成长。正因为此，我们必须在教育孩子的课程中加入毅力的培养。

为什么毅力很难教会

毅力这种特质，促使孩子们挑战极限，从而促进他们的茁壮成长，而且这种特质往往决定着孩子们的成败。目前，我们或许需要重新认真调整育儿和教育方式了，因为没有科学依据的课程不仅不利于培养孩子们真正的兴趣，而且会摧毁他们“已有的毅力”。

一、我们没有给孩子足够的时间进行有目的的训练

在这个胜者为王的社会，家长拼命为孩子争取“成功的优势”，他们认为，孩子要成功，必然要有更多的团队合作、教练更多的训导，参与更多的活动。但是研究表明，这些说法不适用于培养顶尖人才。如果没有足够的时间去有目的地培养孩子的兴趣、能力或天赋，孩子内在的动力、毅力以及出类拔萃的潜力就会下降。安排满满当当的日程以及孩子缺乏真正的兴趣正致使太多孩子放弃自己的梦想，不再发挥出自身茁壮成长的潜力。

一个 15 岁的孩子说："我想成为一名摄影师。我的老师说我真的很擅长摄影，但有那么多活动要参加，我没有时间练习摄影。"

一个 13 岁的孩子说："我喜欢游泳，但总是游不好，因为为了让我的简历看起来还不错，父母给我安排了三项其他的运动。"

一个 17 岁的孩子说："我热爱画画，但是为了能够进一所像样的大学，我必须学习所有的 AP 课程，我连一门艺术课都没去上过。"

安德斯·埃克里松是佛罗里达州立大学的一名认知心理学专家，他专门研究世界级专家。他发现，伟大的表演者都专注于自己特定的优势，然后有目的地进行多年训练来发展这一优势。他们非凡的成就并非出自他们超人的能力、先天的优势、超凡的记忆力、超群的智商、资金支持或是奖励回报，而是出自有目的地专注训练，而这需要毅力。

安杰拉·达克沃思在她必读的《坚毅：释放激情与坚持的力量》（*Grit: The Power of Passion and Perseverance*）一书中也指出，在任何领域要取得进步都需要毅力，的确，但这不仅关乎训练时长，还关乎所用时间的质量。要体会到这种性格优势带来的好处，那在训练时需要的不是增加时长，而是提高时效。参与多项活动而没有时间练习会降低成功的概率。

二、我们设定了错误的期望值

芝加哥大学著名的心理学教授米哈里奇·克森特米哈伊担心，太多有天赋的孩子浪费了自己的才能。他开展了一项为期5年的研究，研究对象为200名天才少年，研究目的在于了解为什么有些孩子不断发展自身的天赋，而其他同样有天赋的孩子却放弃了，从未开发出自身的潜力。克森特米哈伊发现，有两种情绪严重威胁着孩子发展自身的天赋：焦虑和厌烦。焦虑主要源于成年人对孩子的期望值过高，而厌烦则源于成年人对孩子的期望值过低。克森特米哈伊表示："一旦课程体验与孩子们的能力不同步，不仅孩子们的动力会下降，他们的成绩也会下降。"

最佳期望值应设定在孩子们面临的挑战刚好处于或超过他们的能力范围。适当的期望值还能增强毅力，帮助孩子达到心流状态（全身心地投入任务中，因而没有了时间概念）。如果你希望孩子坚持完成一项任务，并保持坚毅，那你必须根据孩子的兴趣、天赋或能力设定适当的期望值。我们要做的，是找到对孩子来说具有挑战性的班级、老师、活动、运动或任务，但又不会让孩子不堪重负。用金发姑娘原则（Goldilocks）来讲就是：期望值不能太高或太低，而是恰到好处。不幸的是，太多的孩子被迫过早、过快地完成超出自己能力范围的任务，放弃了本来可以促使他们茁壮成长的天赋和才能。

三、我们百般呵护孩子，使他们免于失败

如果不经历失败，孩子们就无法培养毅力，也无法学会应对无可避免的挑战，而这些挑战有助于培养他们的韧性。过度教育和百般呵护孩子的现象在美国非常普遍，特别是在富裕地区，家长向学校支付高昂的学费，以确保自己的孩子不会经历失败。纽约布朗克斯区河谷学校的校长多米尼克·伦道夫指出，在美国的大多数高等学校，没有人会在任何事上失败。

家长们欣然承认，他们支付了高昂的私立学校学费，是为了让孩子不再失败。有位来自格林威治的母亲，她的两个孩子就读于一所名校，她告诉我："鉴于我们为孩子们支付的高额教育费用，我希望他们能获得高分，被常春藤盟校录取。"有位来自萨拉索塔的父亲，他儿子就读于一所小型精英高中，他说："我知道我对孩子太过于精心呵护了，但我想尽可能地让他免于失败。"然而事实上，百般呵护对孩子没有任何好处。

几十年的研究表明，与父母围绕在身旁，百般呵护，随时给予帮助的孩子相比，那些父母任由其经历失败的孩子抗压能力更强、动力更强劲、学习兴趣更浓厚，最终也更加成功。纽约州立大学布法罗分校的马克·西里在全国范围内进行了抽样调查，他发现，与没有经历过挫折或逆境的人相比，那些经历过逆境的人报告说，他们的心理更健康，生活也更加幸福。确切地说，在成

长过程中，没有或很少遇到困难的人不如经历过挫折的人快乐和自信。

每次我们帮忙解决问题时，都在向孩子传达这样一条致命的信息：“我们不相信你有能力独自完成这件事。”因而，孩子学会了退到一边，靠我们收拾残局，这样一来，茁壮成长者和奋斗者之间的差距就越来越大，茁壮成长者培养了主观能动性，而奋斗者备感无助。因而，我们应后退一步，换一种行为模式：“永远不要帮孩子做他力所能及的事。”孩子总有一天会感谢你的。

如何培养孩子的毅力

孩子要想成功，必须学会坚持，学会持之以恒、永不放弃。毅力是一种性格优势，可以帮助孩子孤立无援时长期坚持下去，在这个快节奏、竞争激烈、不断变化、充满不确定性的世界里，这也是孩子需要拥有的品质。培养毅力需要学会三种能力：养成成长型思维、设定目标以及从失败中学习。下文所谈的经验有助于孩子变得更强大、更成功，更加茁壮地成长，因为孩子知道，他可以依靠自己。

一、养成成长型思维

斯坦福大学的心理学家卡罗尔·德伟克认为，人们有两种思维模式：固定型思维和成长型思维。她对思维模式理论的研究始于20世纪80年代，当时她教中小学数学。与安杰拉·达克沃思类似，教学几年后，她注意到学生的学习行为出现了明显分歧。尽管能力相差不多，但有些学生似乎没有自主解决问题的能力，一遇到困难就立刻放弃（即便他们因成功解决了一些较为简单的问题而获得过奖励），而另一些学生则能解决更多的数学问题，而且在问题的难度加大时，他们还会继续付诸努力、不断尝试。这是德伟克指出的第一点，即专注于努力可以减轻无助感并促成成功。她的研究仍在继续。

在另一项研究中，德伟克要求五年级学生在解决难题时边想边大声说出来。有些学生很抵触，灰心丧气地说"我的记忆力一直都不好"，结果他们表现得更差了。其他学生则专注于改正自己的错误。有位学生自言自语道："我应该放慢脚步，试着解决这个问题。"这些"解决问题者"不会纠结于自己的失败，而是把错误视为需要解决的问题……于是他们坚持了下来。德伟克回忆起一个特别令人难忘的孩子，这个孩子遇到难题时，会搓搓手，咂咂嘴说："我喜欢挑战！"正如所预测的那样，解决问题的学生的表现要优于那些纠结于自己错误的学生。

于是，德伟克提出了一种假设：这两类学习者的区别在于他们如何看待自己的智力。具有成长型思维的人认为，通过教育、努力、良好的策略和他人的帮助，他们可以提升自身的品格、智力、天赋和能力，他们看到自己有潜力做得更好。然而，具有固定型思维的人深信，这些特质是不容改变的，他们把成就归功于与生俱来的天赋，而非付出的努力。

这两种截然不同的思维模式对孩子的成败有着显著的影响。德伟克的研究表明，与那些能力相同，但认为智力固定不变的孩子相比，具有成长型思维的孩子往往能学到更多，能够在挑战中茁壮成长，对知识有着更深入的了解，在课程的学习上表现更佳，尤其是在难度较大的科目学习中表现更佳。具有成长型思维的孩子不大可能轻言放弃，而更可能勇往直前（即使他们失败了，或者事情变得更棘手了），因为他们知道，这不过是让他们在胜利前再加把劲儿。

尽管基因可能会决定孩子们的起点，但顽强的毅力和成长型思维会影响他们的终点。令人欣慰的是，就像我们探讨过的所有其他性格优势一样，成长型思维可以通过以下简单的课程，在孩子身上得到培养。

第一，将成功重新定义为“收获”。在我们的文化氛围中，人们非常看重考试，孩子因而给自己贴上了“分数”的标签，因此，我们要给孩子重新定义“成功”，将其定义为由 4 个字母组成的、拼写为 G-A-I-N（收获）的单词：这个单词表示的意义为，经过个人的努力，表现比过去有所提升。

接下来，我们要帮孩子确定他个人的收获。“上次你答对了

9个单词，今天答对了10个！这就是收获！”“昨天你跑了一圈，今天跑了两圈。这就是收获！”“上个月你数学考了73分，这次考了79分。这就是收获！你在进步，你的努力没有白费！”然后问问孩子：“你怎么才有了这些收获？”经常帮孩子对比他过去和现在的成绩，不要把孩子的成绩跟其他孩子的成绩做对比。

第二，多说鼓励的话。孩子可能会形成消极心态，总想着“我做不到”“我永远都做不好”。当孩子说出“不能”“永远不会”“不会”这样的字眼时，要用成长型思维的话语来回应孩子，以此让孩子明白，只要努力，他就会进步。

孩子：“我做不到。”家长：“不，你只是尚未做到！”

孩子：“我永远都搞不明白。”家长：“你只是现在还不明白，继续练习！”

孩子：“这太难了。”家长：“继续努力，你就快要做到了。”

第三，进行成长型对话。我们总是迫不及待地询问孩子：“你的成绩（或分数或排名）是多少？”别再问这些了，我们该问问孩子有多努力，这样孩子才会知道你关心他的做事态度，孩子也能了解成长型思维的重要性。

“怎么做会让你觉得自己真正在思考？”

“你尝试过什么新方法？”

“什么具有挑战性？”

“你犯过哪些错让自己有所收获？”

“你尝试做过哪些艰难的事？”

第四，表扬孩子所做的努力，而非最终的结果。德伟克针对400名五年级学生进行的另一项研究发现，当人们称赞孩子们聪明时，他们反而会担心失败，不太敢于去尝试新的挑战。而在表扬孩子们付出的努力时，他们会更加努力，也更可能获得成功。这是为什么？持有固定型思维的孩子觉得自己无法改变自己的智力；而持有成长型思维的孩子明白，他们可以调整自己的努力程度，因而他们取得了进步。由此我们可以得出这样的经验教训：要培养成长型思维模式，就要表扬孩子付出的努力，而不是夸赞最终的结果。

“当你发现新问题的解决办法时，你的科学思维能力变强了！”

“哇！你真的很努力！”

“你试着用不同的方法来解决这个问题，真的很聪明。真棒！”

“我喜欢你在那个项目上付出的努力。是什么帮助你进步的？”

如果孩子表现出色，但是没有经历过什么挑战，那么德伟克建议你这样对孩子说：“这对你来说太简单了，我们看看有没有更具挑战性的，这样你可以从中学习。”

第五，提醒孩子运用成长型思维。斯坦福大学分析了265 000名学生线上学习数学的情况，以了解反馈是否能够提高学生的成绩。他们将学生随机分成5组，向每组学生发送不同的反馈信息。与被给予一般反馈或没被给予任何反馈的学生相比，被给予成长型反馈的学生学习效率更高。因此，我们要运用常规方式来传达成长型思维模式的反馈信息。一位来自达拉斯的父亲在冰箱上贴了这样一条信息："进步源于实践！"一位来自里诺市的母亲在孩子的午餐里放了一张餐巾便笺，便笺上写着："你越努力，大脑就越睿智。"一位来自奥斯汀的一位父亲给上大学的十几岁儿子发消息说："你做得越多，就会做得越好。"

二、设定切实可行的目标

斯坦福大学心理学家刘易斯·特曼被誉为"天才教育之父"。他认为，智商是成功的必要条件，他也认为，我们国家未来的兴旺取决于受过优良教育的孩子。特曼致力于证明这一观点。他挑选了1500名天才儿童，对这些儿童之后的生活进行跟踪调查，该项研究是世界上针对天才儿童进行历时最长的纵向研究。但这位心理学家发现自己错了：高智商、好成绩、高绩点或者上名牌大学并不能决定孩子未来能否取得成功。成就最高的孩子之所以与众不同，是因为他能够设定切实可行的目标，而且坚持不懈地去达成这些目标。

设定目标的能力是可以培养的。特曼的研究证明，大多数顶尖人才不仅掌握了设定目标的技能，而且很早就学会了这一技能，比如高中毕业之前就学会了。我们所犯的错误在于，等到我们想要培养孩子这一重要能力时，已经为时太晚了。我们越早向孩子们传授相关的经验，他们就能越早迈上茁壮成长和取得成功的正确道路。

设定有效目标的能力是可以培养的，但必须满足 5 个因素。孩子应该：具备成功所需的技能、能力、资源、导师和知识；不需要过多的帮助；有足够的时间取得成功；表现出坚持不懈的兴趣和热情；能掌控目标。可以问问孩子："你有能力做到吗？设定的目标必须在你的掌控之中。"

如果对以上任一问题的回答都是否定的，那就帮孩子选择另一个目标或者完善所选定的目标，使目标更加切实可行，同时满足这 5 个因素。现在就可以开始教孩子该如何设定目标了。

第一，确定"目标"。向孩子解释目标是什么的一个简单的方法，是将这个词与曲棍球、足球或橄榄球联系起来，比如："目标就像是靶子或者你射门的球门。目标不仅仅针对体育运动，也指你在生活中为了取得更多成就而努力争取的事。规划你需要做的事就叫作设定目标，这项技能对你在学校、家庭、交友或日后的工作都有帮助。"让孩子说出他"想拥有的物品、成为的人或做的事"，这样可以帮他考虑各种可能性，然后再从中选择一个他愿意为之努力的作为目标。

奥斯汀一所中学的老师告诉我："孩子更愿意尝试他自己觉得在现实生活中比较重要的技能。"于是，这位老师和他的学生分享了一些成功人士利用目标设定原则的文章。迈克尔·菲尔普斯从开始参加竞技游泳以来就设定了目标，他说："小时候，我的目标常常是手写的，现在我可能会把设定的目标录入笔记本电脑里。"你可以鼓励孩子像菲尔普斯一样，在日记或电脑文档中，追踪自己目标的进展。你也可以和孩子分享有关目标设定者的文章，或者阅读本书自制力一章中关于菲尔普斯的故事。

第二，教会"我要做+事件+时间"句式。设定目标通常以"我要做"开头，主体由两部分组成：一个是"事件"（你要做什么事），一个是"时间"（你计划何时完成）。教会孩子设定目标的一个简单方法是向孩子有意示范你的目标。假如洗衣房堆满了脏衣服，这时你可以对孩子说："我要在3点前把这些衣服洗净烘干。"你也可以描述一下当天的计划："我一进门，就要给卡伦打电话，谢谢她送的饼干。"一旦示范了"我要做+事件+时间"这一句式，就可以运用下面的目标设定纸条把这一句式教给孩子。

第三，利用目标设定纸条。剪一条至少30厘米长、7.5厘米宽的纸条（如果是年幼的孩子，可以剪得宽一些），把纸条纵向折成三等份。在第1部分，写上"我要做"；在第2部分，写上事件；在第三部分，写上时间。孩子写下目标："我要在 15 分钟内学会 5 个数学知识。""我要在 30 分钟内读完 10 页书。"或者"我要在 10 分钟内打扫干净我的房间。"卡拉·M 是一位来自艾奥瓦州的母亲，她会在每周日晚上举行一次家庭目标设定会议。每个家庭成员写下自己的目标，以目标设定纸条的形式写在便笺上，然后把便笺贴在门上。卡拉表示，一般来说，每个人都能成功实现自己的目标，"因为在这一周中，我们都会互相鼓励"。

第四，问问年龄稍大的怎么做。按照合理的顺序列出获得成功所需做的事会使目标更易于实现。可以利用几张纸条或便笺来帮助年龄大一点的孩子学会规划自己的目标。家长问孩子："你的目标是什么？"孩子回答："我想多击几次球。"家长继续问："你怎么做才能成功？"孩子答："请教练帮我，观看优秀击球手的视频，每天练习 30 分钟。"孩子在每张纸条上写下一个任务，把计划做的事按顺序排列，然后把这些纸条粘在一起。孩子每完成一项任务，就撕掉一张纸条，直到撕完所有纸条为止。青少年可以列出实现目标所要完成的任务，并检查各项任务的进展情况。

第五，坚持写胜利日志。目标无论大小，只要实现了都值得庆祝，但我们只赞扬孩子付出的努力："你坚持住了！""因为你没有放弃，你每天都在进步！"12 岁的卡罗莱娜说，她和她的兄弟们有一个小笔记本，她的父母称之为"胜利日志"，他们在上面记录着他们实现的目标以及为此付出的努力。

三、教导孩子，错误只是有待解决的问题

孩子只有学会从容面对失败，才能学会坚持不懈。但我承认，如果我没有在家门口等着上一年级的孩子放学回家，那么他可能就错过了这堂课。我在《父母创造差异》（*Parents Do Make a Difference*）一书中讲述了这个故事，引起了读者的共鸣，这个故事也值得反复讲述。

我儿子在放学回家时背后藏着一张皱巴巴的纸，我看到之后给了他一个大大的拥抱，并轻轻把纸拿过来抚平了，然后知道了他为什么这么痛苦，对此我很惊讶。他在拼写测验中漏写了 5 个单词，从试卷上大大的红叉很容易就能看出来。我知道我需要做的就是让他知道犯错也是生活的一部分。于是我对他说："老师花时间在你的试卷上打了这些红叉，这难道不好吗？"我没有理会他怀疑的眼神，继续说道："你知道老师为什么要花时间给试卷上打那些叉吗？"他摇了摇头，显然不明白我接下来要说什么（这也不能怪他）。

"老师希望你学会那些写错的单词，这样你就不会犯同样的错误了。老师真的很关心你。"听了这话，他快速地抱了我一下，然后跑去玩了。几个星期后，他拿着一个包裹冲向公交车。我问他拿的什么，他兴奋地解释道："给老师的礼物：一支红铅笔！"

我有些吃惊。“老师就可以一直用这支笔来标出我的错误，这样我就不会再犯同样的错误了！”

许多顶尖人才都认为，在通往成功道路上，犯错是必然的。这也是他们能长时间坚持完成任务，而不会轻易放弃的原因。他们已经从错误中吸取了经验教训，明白犯错并不意味着终身失败，而是暂时的挫折。但是你怎样才能将这个理念传递给年轻人呢?

第一，用“我学到了”来展示犯错的收获。如果你犯错了，要坦白地承认并告诉孩子你错在哪儿，你从中学到了什么。如果你晚餐做得很糟糕，（在家人做出评论之前）直接向家人承认错误，然后说明你从这次的错误中学到了什么。“蛋糕没做好。但我学会了在添加配料之前认真阅读整个食谱。”“我迟到了，但我学会了每次都要把车钥匙挂在钩子上。”“我迷路了，但我学会了如何辨明方向。”

第二，抹去“犯错不好”的印象。如果孩子不知道犯错也是生活的一部分，他们就不可能做到坚持不懈。可以先和孩子谈谈他犯的错，但不要批评他，也不要生气或者觉得丢脸，然后就如何改进提出一些建设性的意见。“每个人都会犯错，关键是弄清楚如何从错误中吸取教训，不再犯同样的错误。我们再来看一看你的拼写测验，看看如何改正拼错的单词。”我们要允许孩子失败。

要想让孩子知道犯错并不是非常严重的事，最好的办法就是让孩子感受到我们能接受他犯错。孩子犯错时，我们要表示支持。12 岁的拉尔斯就此给出了最好的回答：“不论孩子的成绩或分数如何，都要告诉孩子你爱他。我妈妈就是这么做的，她还会帮我找到改进的方法。”

第三，不要再把它称为“错误”。茁壮成长者经常给自己犯的错取个绰号，比如“小毛病”“小故障”“临时状况”，这样他们才不会气馁而轻言放弃。帮孩子想一个这样的绰号，每当孩子犯错时，他也可以这样对自己说，任何绰号都可以，想出来之后要鼓励孩子经常说，这样孩子犯错时就会用到这个绰号。多伦多的一位老师教学生把错误称为“机遇”。一个小时后，我看到一个男孩犯了个错，之后试图消除他所犯之错。这时，他旁边的学生小声说道：“记住，这是机遇！”小男孩脸上露出了少有的笑容，这也证明这堂课奏效了。我们要帮孩子将错误视为机遇！

第四，制订改进计划。有些孩子无法走出失败，于是他们重复犯着同样的错误并轻易放弃。埃米·莫林在《告别玻璃心的 13 件事》（*13 Things Mentally Strong People Don't Do*）一书中，分享了发表在《实验心理学杂志：学习、记忆和认知》（*Journal of Experimental Psychology: Learning, Memory, and Cognition*）期刊上的一项研究，该研究发现，只要学生们有机会了解到正确的信息，他们就可以从之前的错误中吸取教训。“孩子们在思考可能的答案时，即使他们想出的答案是错误的，但一旦错误得以纠正，他们对正确答案的记忆就能留存很长一段时间。”这就是为什么我们一定要帮孩子学会改正错误，而不是给孩子贴标签、羞辱孩子或者帮孩子开脱。

丹佛市的一位母亲帮孩子制订了一个改进计划。家长问孩子：“你犯了什么错？”孩子回答：“我数学考试不及格。”家长接着问孩子：“你有什么改进计划？”孩子回答：“我会每天晚上学一点，不会拖到最后一天再学。”家长回应：“让我们一起把你的计划写下来，这样你就不会忘记了！”

第五，教孩子“重新振作”的表述。海豹突击队教了我一个他们用来战胜逆境的好方法：在面临挑战时，他们会在脑海中说一句简短而积极的话。帮孩子想一句这样的表述，鼓励他反复说，直到他可以独自运用为止。孩子说下面这些话是能起作用的：“没必要做到完美。”“我可以从错误中吸取教训。”“每个人都会犯错。”“除非我试一试，否则我不会做得更好。”

如何才能让毅力成为孩子的超能力

最初，迈克尔·乔丹只是来自北卡罗来纳州的一个普通孩子。乔丹承认：“在我家的所有孩子中，我可能被认为是最平平无奇的那一个。”但一路走来，他成了有史以来最伟大的篮球运动员之一，赢得了两枚奥运金牌，并入选了奈史密斯篮球名人堂，成了毅力超群的人物榜样。

毫无疑问，迈克尔·乔丹家的职业道德在培养乔丹的勇气和促成他未来的成功中发挥了重要作用。“我的确信奉奉献、正直和诚实。”他妈妈德洛丽丝·乔丹表示。她在家中实行了她的指导方针，她希望孩子在家里做家务、铺床、挂衣服、完成作业，而且要强化孩子做这些事的意识。迈克尔从中学到了正直、责任和强烈的职业道德。

迈克尔的父母也希望孩子在离开家后能够自力更生。“如果家里有什么东西坏了，我父亲会自学怎么修理，”迈克尔回忆道，“我的母亲也是这样。父母如此，他们的孩子在学校、工作中或玩游戏时，怎么可能会有不同的方式？”迈克尔学会了自力更生和勇气。

迈克尔的父母还教孩子设定目标。如果家里有兄弟姐妹说他们要上光荣榜获得荣誉，那么他们必须解释清楚自己打算如何获得成功。实现每一个目标都需要制订一个计划，没有达到目标也并不可耻，只要孩子们尽了最大的努力就行。德洛丽丝告诉孩子，如果你没有失败过，那说明你可能还不够努力，你可能设定的目标还不够高。实际上，失败会让我们变得更加强大。迈克尔认识到，犯错是学习的机会。

迈克尔第一次没有入选校篮球队，他非常伤心，他妈妈德洛丽丝让他回去继续训练，她还制定了一条家规，规定任何人都不能说“我不行”。“去试试吧，这是我们的口号，”她对迈可尔说，“如果你尝试，那么你就不会失败。如果你不尝试，那你就失败了。”迈克尔还认识到，失败也是提高自我表现的机会。

迈克尔的父母对他要求很高，但也很支持他。研究证明，父母的教育方式中，50%“要求严格”+50%“给予支持”= 孩子走向成功，如果再加上勇气和坚强的性格，孩子成功的可能性会加倍。迈克尔因此而变得出类拔萃。

“作为父母，我们有责任教会孩子设定更高的标准，”德洛丽丝·乔丹这样说，“不管这需要付出多少努力。”无疑，迈克尔·乔丹在篮球运动中超越了所有标准，他自己也设定了不少标准。不过，我们在培养孩子的毅力时，目标不一定是要培养超级精英，无论孩子是进入美国职业篮球联赛还是在车道上投篮，我们都要培养他的成长型思维、教他设定目标，并且让他学会从失败中吸取教训，这些都有助于孩子茁壮成长。在我们这个能人辈出的名利场里，尤其如此。这样我们也可以培养在心灵、心智、心志方面出色的人才。

按照年龄培养孩子的毅力

密歇根大学的心理学家哈罗德·史蒂文森试图回答很多美国人都关心的一个问题：“为什么亚洲学生的学业成绩比美洲学生

的要好？”他深入进行了4项跨国研究，分析美国、中国和日本学生的成绩，结果发现，总体而言，亚洲儿童比美洲儿童学习时间更长、更加努力。简而言之：面对艰难任务时，亚洲儿童往往比美洲儿童能坚持更长的时间。

史蒂文森发现，一个关键的原因，在于父母对孩子学习的重视程度。美国父母更关心最终结果：孩子的成绩或分数，亚洲父母强调孩子要努力：努力学习，你就会成功。因此亚洲儿童认识到，成功源自自身的努力，这种观念鞭策亚洲儿童更加努力。因此，我们可以得出培养毅力的经验教训：关注付出的努力，而非最终的结果。

下面的大写英文字母代表每项活动推荐的适合年龄段：Y代表幼童、学步儿童及学前儿童，S代表学龄儿童，T代表10~12岁及以上的青少年，A代表所有年龄段的人。

- **树立努力的榜样。**为孩子树立性格优势的榜样是最有效的教学方法。你在完成一项艰巨的任务时，要确保你的孩子听到你说：“我要坚持下去，直到成功。”“我要坚持住，直到我弄明白该如何编程。”“我要去上每一节课，直到我会打高尔夫球为止。”要向孩子保证，遇到困难你不会放弃。
- **只教孩子“一件事”。**我的小学音乐老师怀特先生是一名公认的狂热纠错者。如果我弹错了一个地方，就得从头再弹一遍。我喜欢钢琴，但是又讨厌钢琴，因为我害怕弹错。要不是我的第二任音乐老师汤普森夫人，我可能都会放弃弹钢琴。汤普森夫人帮我找到我的“小问题”（“米歇尔，注意你的一个小问题”），我们就以轻松有趣的方式，有针对性地一遍一遍练习弹错的地方，直到我把错误改正过来。然后我再从头开始弹奏，这时我可以轻松地弹完贝多芬交响曲，而且很享受弹琴时的每一分钟。

错误会使孩子在成功的道路上半途而废。因此，不要让孩子把自己的小问题当成大错（如“我永远都做不对！”）。反之，要帮孩子弱化所犯的错，找出错误所在，并制订纠错计划，然后针对错误不断练习、练习再练习，直到成功！如，家长对孩子说：“我拍了你踢球的视频。你的脚偏左边了，所以球进不了网。让我们来练习这个动作。把脚伸直，看看会怎么样。”S，T

- **给孩子讲述名人“重新振作”的故事。**许多孩子认为，名气和财富是凭运气得来的，却忘记了顶尖人才之所以出类拔萃，是因为他们非常努力，不言放弃！我们需要给孩子讲讲那些曾遭受挫折但靠毅力获得了成功的名人故事。

  托马斯·爱迪生的老师说他太笨了，什么都学不会。

  乔安妮·凯瑟琳·罗琳的《哈利·波特》曾被12家出版

商拒绝。

西奥多·盖索的第一本书曾被 20 多家出版商拒绝。

有位电视节目制作人曾告诉奥普拉·温弗瑞，她不适合主持电视新闻。

史蒂夫·乔布斯曾被苹果公司解雇，但他后来带着便携式多功能数字多媒体播放器（iPod）、苹果手机（iPhone）和平板电脑（iPad），再次回到了苹果公司。

沃尔特·迪士尼因“缺乏想象力”被《堪萨斯城星报》解雇。S，T

- **教孩子“分解任务”。**有些孩子放弃了，因为各种问题使他们不知所措。对于注意力难以集中或万事开头难的孩子，或过度担心自己是否能全部做对的孩子来说，将任务分解成更小的任务对他们很有帮助。对于年龄较小的孩子，可以告诉他这样分解数学问题，即用纸盖住所有的问题，只露出最上面那一行，每完成一行把遮盖题的纸往下拉一行，这样一行一行往下拉，直到把全部问题都完成。针对大一点的孩子，可以把任务按照难易程度写在便笺上，之后一次完成一项。一定要鼓励孩子“先完成最难的任务”，这样他就不会整晚为此而焦虑了。自信和毅力会随着孩子独自完成较大的任务而建立起来。S，T
- **设定适当的期望值。**父母对孩子心怀切实的期望，孩子的毅力才会蓬勃发展，因此，在为孩子确定有关活动或课程时，问问自己这些问题 :“我的孩子对这个感兴趣吗？我的孩子在这方面有天赋吗？还是这是我自己更想做的？（是谁在逼迫谁？）孩子是否已经为完成这项任务做好了充分的准备？还是我在逼迫孩子，使孩子的日程安排超出了他自身能承受的范围？教练或老师热情吗？专业吗？了解我的孩子吗？这个活动值得我为孩子和家庭付出时间、金钱和精力吗？” A

- **教孩子“不要放弃”的表述。**带着孩子学一学坚持不懈的人会说的话，比如“我能行！”“我要再试一次！”“别放弃！”“我是不会放弃的！”“坚持住！”“你会得到的，坚持下去！”。圣安东尼奥市的一位教师在海报上印了一些“不要放弃”的表述，鼓励学生从中选一句，每天说几次。她提醒学生 :“这句话你重复的次数越多，就越能助你取得成功。”来自蒙大拿州的一位父亲说，他们家设立了“永不放弃”的家庭箴言。一家人花了一下午的时间集思广益，想出关于毅力的名言，最后决定采用“在这个家庭中，我们做事都要有始有终”这句话。他们把这句家庭箴言写在卡片上，贴在卧室墙上，经常念诵。A
- **设立一个“坚持不懈”奖。**找一根长度至少和尺子差不多的小棍来表彰坚持不懈者，用黑色记号笔在上面写上“坚持不懈”（西雅图的一家用的是一把旧扫帚，芝加哥的一家用的是一根木钉）。之后，每个人都要密切关注哪些家庭成员能做到坚持不懈。每晚（或每周）家人聚在一起，宣布哪些家庭成员做到了坚持不懈，说明他们值得获得这个奖项的原因，然后用记号笔把他们名字的首字母写在小棍上。孩子们喜欢计算自己名字的首字母出现在小棍上的次数，顺便回忆一下自己坚持不懈的时刻！ Y，S

- **应用“困难任务法则”。**安杰拉·达克沃思向家长们推荐了困难任务法则，即父母在不影响孩子自主选择前路的前提下，鼓励孩子要坚持下去。实际上，达克沃思本人就和自己的家人一起运用了这条法则。困难任务法则由三部分组成。第一部分：所有人必须做一件艰难之事，比如练瑜伽、弹钢琴、跑步、踢足球、学科学、跳芭蕾，或者做任何需要付出努力的事，完成这件事需要每天有目的地进行练习从而不断进步。第二部分：你可以放弃，但是要等到赛季结束、课程学完，或者等到其他自然结束的时间节点。不可以选择教练罚你的那一天，在考试成绩不及格，或者因为第二天要排练而不能参加派对时提出放弃。第三部分：每个人都可以选择自己艰难的事，因为只有他们自己知道自己的兴趣所在，有了兴趣就有了进步的理由。S，T

要点总结

1. 开放的、亲身实践的、以孩子为主导的体验会提升孩子的毅力水平。

2. 要培养孩子的成长型思维和毅力，就要表扬孩子付出的努力，而非夸赞最终的结果。

3. 茁壮成长者把犯错当作获得成功的工具，这样他们才能长时间坚持完成任务，而不会轻易放弃。

4. 父母教育方式中，要求严格和给予支持各占一半，才能培养孩子的毅力。

5. 对于注意力难以集中或万事开头难的孩子，或忧心于自己能否全部都做对的孩子来说，将任务分解成更小的任务对他们很有帮助，他们也更可能取得成功。

最后的话

我在教室里观察到有学习障碍的儿童，绑在学生座椅上的彩色长条纱线引起了我的兴趣。在纱线活动开始之前，老师给班上同学读了小比尔·马丁的《计数绳上的结》(*Knots on a Counting Rope*)，故事讲述的是一个盲人男孩，他有严重的身体残障，但他没有放弃。学生也时常会面临重重困难，因此这位老师想鼓励学生实现自己的梦想。

这位老师对学生说："每个人在人生中都会面临黑暗的大山，但如果你不放弃，竭尽所能，你往往会取得成功。"

接着，老师给每个孩子发了一根纱线，教他们每穿越一座黑暗的大山，就在纱线上打一个勇气结。她还告诉学生们一些宝贵的经验："成功通常需要大量的实践，试试走出自己的舒适区，运用一些方法策略，并向他人寻求帮助。"几天之后，学生们的纱线上打满了结，他们问我想不想听听他们克服黑暗大山的故事。我当然想听！

"这个结是因为我病了很久，不敢回学校，但我还是回来了！"一个男孩得意地说道，"罗比打电话告诉我他想我了。"

"我刚搬到这里，谁都不认识。"一个红发女孩说道，"他们说我应该打个结，我问他们可不可以和他们一起玩，他们说可以。"

"我有口吃的问题，但还得在全班同学面前演讲。"一个女孩解释道，"我做了演讲，所有人都鼓掌了。"

让我印象深刻的不仅是打结的同学身上的自豪感，还有其他同学的反应：他们脸上也洋溢着骄傲的神情！他们明白，对于自己的同龄人来说，获得这些结是多么不容易，因为他们自己也感受到了自己的弱点。老师的课程让孩子们明白：面对逆境需要勇气，但只要有毅力，不担心犯错，需要时向他人求助，就能一步一步地走向成功。孩子们需要这样的课程来帮助他们学会茁壮成长！

第七章

乐 观

总能找到一线希望

如今孩子生活的时代充满了恐惧，恐怖主义、气候变化、以及流行病，这些都是新常态。我们试图保护孩子们不受这些负面事件的影响，但他们生活在数字时代，随时可以看到令人不安的消息，这可能会给他们带来麻烦。6 ~ 11 岁的孩子中，有 1/3 担心自己长大后地球将不复存在，而且，女孩对此更加担心。

在达拉斯一所精英学校，我坐在一群中学生中，听他们发表对世界和可怕消息的看法。一个七年级的男孩首先说道："这可不是一件事，而是很多糟糕的事不断发生，这让我们觉得这个世界卑劣而可怕。"

一个八年级的学生插话道："我们担心的事情多了去了：气候变化、病毒、欺凌、家庭暴力、种族主义，以及枪击事件。"

另一个男孩解释道："我们更加消极，因为随时可以看到坏消息，父母试图对我们隐瞒可怕的消息，但我们从手机上直接就可以看到。”

一个心事重重的小女孩点了点头：“有时我都不想醒来，因为睡醒了就很难不去想这些糟糕的事。”

孩子们继续分享着令人沮丧的消息，一个沉默寡言的男孩开口说道：“我和朋友刚才还在说，家长如今害怕得都不敢让孩子在外面玩了，这听起来真悲哀，我们就这样失去了童年。”大家都同意这个说法。对这个世界感到悲观是孩子们共同的主题。

离开时我意识到，孩子们迫切需要乐观主义，教育工作者也这样认为。在过去几年里，我一直在寻觅善于向学生传递乐观精神的老师，于是，几个月后的一个二月下雪天，我来到了纽约长岛桑德勒老师所教的二年级教室里。

桑德勒和我一样，担心学生们对日常问题毫无来由地感到担忧，担心他们经常产生极端的、消极的想法。她说：“悲观的想法真的会影响他们的表现。”她最近对这个问题做了些研究，并且无意中发现，她可以借鉴心理学家塔玛·琼斯基的《让孩子远离焦虑》（*Freeing Your Child from Anxiety*）一书中的理念，向这些压力重重的二年级学生教授乐观主义。当她邀请我去旁听时，我迫不及待地接受了。

桑德勒那天给孩子们传递的理念是，忧虑会增长，但我们也可以减少忧虑。她问孩子们：“谁想分享自己最担心的事？”一个梳着长辫子的女孩立刻举起了手，她说："我害怕在外过夜。"

桑德勒老师把一个大约有大型电脑屏幕那么大的纸盒放在桌子上。"好吧，让我们一起来帮帮克洛伊。假设这个盒子是你最担心的在外过夜，我们来帮你把它缩小。你所要做的就是告诉我们你为什么担心。"

克洛伊说："我怕黑，担心自己黑暗中找不到灯的开关。"桑德勒让同学们给克洛伊提供减轻她忧虑的方法，他们纷纷出谋献策。

"让你的朋友告诉你开关在哪儿。"

"带个手电筒。"

"把睡袋放在灯的开关旁睡觉。"

"都是好主意！"桑德勒老师说，"哪一个可行呢，克洛伊？"克洛伊认可带个手电筒，她在卡片上画上减少忧虑的方法，并把卡片放在盒子里。"现在你没那么担心了，"桑德勒老师说，"让我们继续减少你的忧虑。"桑德勒老师在桌子上又放了一个稍微小一点的盒子，大约有一台笔记本电脑那么大。

克洛伊还有另外一个担忧："我可能不会喜欢吃留宿那家的饭菜。"同样，孩子们又给出了解决办法。

"带根燕麦棒吧！"

"我上次在外过夜时带了一个花生酱三明治。"

"去之前先吃点东西！"

克洛伊决定在包里放一根燕麦棒，于是她又在卡片上画上了减少忧虑的方法，并把它放在第二个盒子里。

桑德勒老师拿出了第三个更小的盒子，学生们第三次帮助克洛伊减少了她对在外过夜的担忧。当老师把第四个盒子，也是最后一个盒子，嵌在其他盒子里时，克洛伊明显松了一口气。“我可以在外面过夜了。”她保证道。我们都鼓起掌来。而我也在为这位老师鼓掌，她帮助所有的学生减少了悲观情绪，仅仅通过把他们的忧虑放进越来越小的“心理”盒子里，直到他们可以控制自己的忧虑。科学也证明了这一点：已证实，减少忧虑和建立希望的最佳方法之一就是给孩子一种可控感。这正是经历疫情的这一代茁壮成长所需要的。

什么是乐观

如今的社会和人们充满敌意。这个世界与我们父母成长的世界完全不同，因此我们很难保持乐观。

——艾娃，14 岁，纳什维尔

乐观的孩子们认为挑战和障碍是暂时的，是可以克服的，因而他们更可能获得成功。但也有一种截然相反的观点：悲观主义。悲观的孩子们认为挑战是永久的，就像岿然不动的水泥大楼一般，因此他们更容易放弃。

心理学家过去认为，态度不可能改变，正因为此，宾夕法尼亚大学精神病学家阿伦·贝克过去几十年所做的研究极具意义。贝克彻底改变了我们对乐观和转变思维方式的看法。他认为，我们的思维（认知）、感觉（情感）和行动（行为）是相互作用的。简而言之，我们的想法决定了我们的感受和行为，而反过来则不行。因此，只有改变了消极的、错误的看法，才可以改变我们的感觉和行为，从而提高我们做事的能力。

贝克曾经说过："我们可以选择关注积极的一面，也可以选择关注消极的一面。"他教人们将重心转向积极的方面，从而收获心理健康。他的方法被称为认知行为疗法，该疗法在过去几十年中被广泛推广，并被证明可以有效治疗抑郁和焦虑，甚至对儿童也很有效。令人欣慰的是，认知行为疗法是可以教会孩子的。但如果只是告诉孩子"要乐观！"是不起作用的。我们的相关课程必须遵循科学规律，而且这样的课程可以获得惊人的效果。我们要做的第一步往往就是改变孩子的消极心态。

"我永远不会被选中。""没有人会邀请我。""我总是失败。"无论他们做了什么，悲观的孩子们都会存有"这有什么意义？"的心态，他们很容易放弃，认为自己做的任何事都没有意义，自己不会成功，而且他们很少能看到生活中美好的一面。就算他们碰巧把某件事做得很好，他们也会对成就不屑一顾："我做得没那么好。”“运气好而已。”“没什么大不了。”在此过程中，他们剥夺了自己获得幸福和成功的权利。

许多孩子承认自己很悲观。14 岁的詹娜告诉我 ：“我经常会做最坏的打算，比如我考试会考得很差，或者我上不了一所好大学，或者某个项目会失败。这真的对我影响很大。”

来自波士顿的 12 岁的男孩奈德也持有类似的观点 ：“如果你的成绩很差，那就完了。”

卡拉说 ：“如果持有这样的心态，你注定要失败。如果能改变这种想法，你就不会认为事情如此糟糕，这会有所帮助，但没有人教给孩子这些。”孩子们知道，如果任由这种心态发展下去，悲观主义可能会演变成愤世嫉俗、无助和沮丧，埋下无所作为的隐患，并影响他们生活的方方面面，使他们无法茁壮成长。

乐观的孩子们与悲观的孩子们截然不同，乐观的孩子们可能会用“有时”“然而”“几乎”等词来看待糟糕的事，与悲观的孩子们相比，他们较少抑郁，在学校表现更好，更有韧性，更能从逆境中振作起来，甚至身体更健康，而这些并非巧合。保持乐观的好处还有 ：这一优势可以释放孩子们的学业潜力、培养他们良好的性格和积极健康的心理。而且，对乐观的需求从未像现今这样重要过。数据显示，如今有 20% 的年轻人会在某一时期患上抑郁症，这个概率可是他们父母的两倍。但科学是站在我们这边的，我们可以教孩子少些悲观，多些乐观。

宾夕法尼亚大学的心理学家马丁·E.P. 塞利格曼在全球范围内进行了 19 项对照研究。在这些研究中，他选取了 2000 多名 8 ~ 15 岁的孩子，并教导他们看待日常问题要切合实际、灵活机动。在接下来的两年里，学生们的乐观水平有所提升，患抑郁症的风险降低了一半。研究也发现，乐观、有韧性的孩子学得更好。本章提供的课程均有考察验证，旨在帮助孩子们提高充实感、减少倦怠感，看到生活中更阳光的一面。

为什么乐观很难教会

> 我们变得更加多疑、消极、愤世嫉俗和悲观，因为像大规模枪击事件这样的坏消息太多了，哪怕是年幼的孩子也能听到这样的坏消息。
>
> ——查理，15 岁，芝加哥

孩子们看待世界的方式日渐悲观，这意味着他们难以茁壮成长。以下 3 个因素抑制了孩子乐观这一关键性格优势的发展。

一、我们生活的文化氛围充满了恐惧

每过一周，我们都得向孩子解释一个可怕的事件：恐怖主义、洪水、暴力、流行病和大规模火灾。许多父母和我说：“孩

子们再也没有安全的地方了。”2019 年开学时，家长们购买的热门产品是带有可拆卸防弹装置的背包，以保护学龄儿童免受枪击。随后在 2020 年，我们为孩子配备的是塑胶手套、口罩和洗手液，以保护他们免受新冠肺炎病毒的侵害。我们与孩子吻别，送他们去上学，同时又担心他们的安全。我们生活的文化氛围中充满了恐惧，这会给孩子带来什么影响？

我在纳戈尔诺－卡拉巴赫学校参观时找到了答案。纳戈尔诺－卡拉巴赫地区地域狭窄，是 20 世纪 80 年代末至 1994 年阿亚战争的所在地。几年前，当我参观该地区的学校和家庭时，恐惧已弥漫开来：弹孔清晰可辨，地雷随时可能爆炸，军用坦克随处可见。而在我写这本书时，该地区再次成为战区。我在那里遇到了一位父亲，他向我寻求建议：“我从小在战争中长大，整天担惊受怕，如今我 6 岁的孩子也表现出了同样的恐惧。他会走上我的老路吗？”很不幸，我的回答是肯定的。

我们的恐惧和焦虑确实会蔓延到孩子们身上，并且随着时间的推移，这种恐惧和焦虑会侵蚀他们积极的人生观。他们学习我们普遍的人生观，基于我们的人生态度确立他们自己的人生态度。12 岁的麦迪逊和我说：“我妈妈总是告诉我们不要焦虑，可她每次听到坏消息时都紧张不安，这样我们很难不焦虑。”

我们必须克制自己的悲观情绪，愤世嫉俗的人生态度会使我们更加恐惧、焦虑和愤怒，这三种不良的情绪不仅会影响我们的育儿效果，还会蔓延到孩子们身上，使他们也变得更加恐惧、焦虑和愤怒。研究人员表示，13 ~ 18 岁的孩子中，有 1/4 患有焦虑症，焦虑症仍是当今儿童和青少年面临的主要心理健康问题。心理学家珍·特温格（Jean Twenge）的一项研究发现，即使是如今的普通小学生，未做过任何心理健康检查的孩子，他们的基本压力水平也高于 20 世纪 50 年代的精神病患者。我们必须保持冷静，这样才能帮助孩子。

二、孩子在媒体上不断看到可怕的画面

音乐电视网和美联社对全国 1300 多名青少年进行了一项调查，调查发现：只有 25% 的人认为自己不会受恐怖主义威胁；绝大多数人承认，他们的世界远比父母成长的世界更令人担忧，原因之一就是如今的媒体世界正充斥着令人不安的画面。

不断听到和看到可怕的画面不仅会使孩子们更加焦虑，而且还会改变他们对世界的看法，使他们不再乐观地看待世界。以前，父母可以关掉电视机，这样孩子就不会看到可怕的消息了。而如今，可怕的画面直接出现在孩子的手机上。这一代孩子首当其冲，开始通过手机实时查看战争信息、恐怖袭击、每日因新冠肺炎疫情死亡的人数和学校枪击事件。自 1986 年以来，电影中呈现的暴力事件增加了两倍，负面新闻更是比正面新闻多出 63%。许多孩子告诉我，最令人不安的画面来自 2020 年 5 月 25

日的一个视频，视频中，一名明尼阿波利斯的白人警察跪压着美国黑人乔治·弗洛伊德的颈部，当时弗洛伊德戴着手铐，趴在地上，乞求警察饶他一命。近 8 分钟的时间里，这名黑人反复说着“我不能呼吸”，还一直呼唤着自己的母亲。

已故的乔治·葛伯纳是宾夕法尼亚大学安纳伯格传播学院的名誉院长，他创造了“冷酷世界综合征”一词来描述大众媒体上的暴力情节使观众认为世界比实际情况更危险的现象。葛伯纳警告说，问题不在于暴力事件的数量，而是所有暴力事件加起来强化和巩固了世界是“卑劣和可怕的”这一观点，很多孩子就是这样看待世界的。

如何培养孩子的乐观精神

孩子在形成乐观的人生观时面临着许多真实存在的挑战。虽然我们生活的世界充斥着愤世嫉俗的声音，但是，就像我们在本书中探讨的茁壮成长者应具有的其他特质一样，乐观主义确实是可以培养的。父母可以通过培养孩子的 3 种特质来培养孩子的乐观精神，从而使孩子获得这一性格优势：乐观心态、自信沟通和充满希望。这些特质都是可以培养的，而且对于生活在瞬息万变的世界中的孩子来说都是至关重要的。

一、树立典范，培养乐观心态

我们对世界感到紧张不安，我们的孩子又当如何呢？艾奥瓦州一位妈妈的故事表明，即使是年龄很小的孩子，也对生活持有悲观和失望的态度。

“我不得不告诉我 6 岁的孩子，他最好的朋友因癌症死了。我不知他会作何反应。他震惊地看着我，脸色煞白，说道：‘卢卡斯走了？我之前都不知道我们这个年龄的孩子还会死于癌症。我以为他们只会在学校被枪杀。’我该如何帮孩子重燃对世界的希望？”

要给出一个最佳答案，我们往往忽视了这个渠道——历史书。

1940 年 9 月至 1941 年 5 月期间，纳粹德国对伦敦和英国其他城市进行了夜间轰炸：11 周内在伦敦投掷了 300 多吨炸弹；1/3 的城市被摧毁，数千人死亡。尽管如此，英国仍在战争中占上风。

想象一下，在大空袭期间养育孩子是什么感受。每天晚上，刺耳的空袭警报声预示着袭击即将来临，父母关灯关窗，戴上防毒面具，尽其所能保护自己的家人。战争期间，英国人的口号是“保持冷静，继续前进”，他们确实做到了。但是父母如何帮孩子在恐惧中保持乐观呢？我无意中发现了他们的秘密。

几年前，一位记者就如何帮助孩子应对创伤一事采访了我。我告诉她，孩子们会模仿一切所闻所见，所以他们的悲观或乐观心态都是从我们这里学来的。听了这话，她脱口而出："我爷爷奶奶就是这么做的！"她解释说，在小时候大空袭期间，她与哥哥和祖父母一起住在伦敦。在我们的聊天中，她给我讲了一些那段恐怖时期的事。

"我们本应该很害怕，但我和哥哥一直相信我们能挺过去。现在我知道这是因为祖父母为我们塑造了乐观主义的典范！在炸弹爆炸期间，我们正常的晚间家庭活动仍在继续。我们讲故事、唱歌、表演儿歌《玫瑰花环》。爷爷奶奶经常唱：'生活是美好的，我们会一起渡过任何难关。'我们做到了，因为他们给了我们希望。"

她的祖父母运用了一条重要的育儿经验：在艰难时期孩子们要茁壮成长，他们生活中就得有满怀关爱的成年人为他们树立积极人生观的榜样。培养孩子们的乐观心态得从我们做起。孩子们会把我们的话当作他们的心声，因此在以后的日子里，要注意你给孩子传递的信息，看看你给孩子展现的是怎样的人生观。一般而言，你觉得自己是悲观的还是乐观的？你通常是从积极的还是消极的视角来描述事件呢？杯子是满了一半的还是空了一半？事情是好还是坏？是用积极的还是消极的态度看待事物呢？你的朋友和家人也会这样评价你吗？

如果你发现自己倾向于消极的一面，要记住，改变始于自省。如果看到了自己的悲观情绪，写出为什么变得乐观会有所帮助，并经常诵读以促进自己改变。你也可以在本章中找到想学习的课程，并将其教给孩子。通过练习，你会发现你和孩子都对生活充满了希望。

改变很难，想改变一直奉行的消极心态尤其难。

希望孩子学习什么，你就要以身作则。当你拥有乐观的心态时，你就可以帮孩子学习这种性格优势了。下面的 3 个步骤可以在孩子养成习惯之前改变他日常的悲观心态，并用乐观的心态取而代之。

第一，发现悲观的想法。每个孩子都会表达消极的想法，但当悲观情绪成为孩子的常态时，如“从来没有人喜欢我”“坏事总是发生在我身上”“根本不值得付出努力”“我会像以前一样不及格的”，你就得关注了。毫无来由的悲观心态会侵蚀乐观情绪，使孩子走向失败，无法茁壮成长，并增强他的空虚感。

创建一个只有你和孩子才能理解的私密暗号，例如拉拉耳朵或摸摸胳膊肘，这个暗号就意味着他说的是消极想法，然后鼓励他注意自己悲观的想法。为孩子的悲观想法起个名字有助于他控制这一想法，这个名字可以是任何能与孩子产生共鸣的名字：“我的臭想法”“霸道小姐”“不先生”“有趣的妨碍者”“专横的裤子”“消极的耐莉”。青少年给自己贴的标签有时非常明确。

对年幼的孩子，可以说："我要听听你的臭想法，然后说说它有什么不对的地方，这样的话，你，而不是你的想法，就有力量了。"他们可以画一张图表示自己的想法，然后通过角色扮演的方式，用木偶玩具说说它的不对之处。

对大一点的孩子，可以说："还记得你考了那个分数时说自己很笨吗？你现在不这么想了，对吧？给你头脑中那个专横的想法起个名字，这样你就可以驳斥这一想法，从而控制自己的负面想法了。"

有时，孩子需要证据证明自己有多悲观才愿意改变。帮孩子数数规定时间内他表达的消极想法："在接下来的 5 分钟（或更短暂的时间）内，看看你有多少次大声说出或在脑海中闪现过消极的想法。"戴上手表或手环有助于提醒孩子要数数自己的想法。年幼的孩子可以用手指数数，而大一点的孩子在出现消极想法时，可以将硬币从左口袋移到右口袋，可以在纸上做记号，或在手机上跟踪记录。

留意孩子确实表现出哪怕是一丝乐观情绪的时刻，然后表扬他的积极态度，并告诉他你为什么对此很重视。"你的数学学得有点艰难，但你说'我数学越来越好了'就是你乐观的表现，坚持下去！"

第二，质疑错误的、悲观的观点。接下来，帮孩子评估他表达的观点是否准确，并质疑那些错误的观点。以你自己为例，教孩子反驳批评的声音。只要孩子明白了，你就可以随意虚构事件了。“我在你这么大的时候，参加考试前，内心总有一个声音说‘你不会考好的’，我学会了反驳，我告诉它：‘我会尽力而为，我会做得很好。’很快这个声音就消失了，因为我拒绝接受它的观点。当你听到这个声音时，可以这样反驳，比如你可以说：‘那不对’‘我没在听’‘别说了’。”

悲观的孩子往往认为可能会发生最坏的结果。可以这样问孩子：“可能发生的最坏结果是什么？”然后帮孩子权衡结果是否真的那么糟糕，并引导孩子关注积极的一面。

孩子：“我考砸了，最终成绩是不及格。”

家长：“你只是一场考试不及格。你怎么做才能使最终成绩及格呢？

孩子：“我可以多学习。”

家长：“好！我们来制订一个努力学习的计划。”

使孩子摆脱消极思维的另一种方法是从反面反驳，但要确保你给出的观点是准确的。如果孩子多次听到你温和地反驳，他可能也会这样来驳斥自己的消极想法。

假设孩子不愿意参加朋友聚会：“从来没有人喜欢我。”你可以这样反驳：“卡拉肯定喜欢你，否则她不会邀请你。”

如果你儿子没有进入棒球队：“孩子们认为我总是最差的棒球队员。”你可以这样反驳：“他们知道你很擅长滑雪，所以告诉他们，你练习棒球的时间不长。”

你女儿科学考试不及格：“我从来没有做对过。”你可以这样反驳：“你数学很好，所以我们一起努力提高科学成绩。”

第三，改变不切实际的悲观想法。孩子们可能会陷入悲观的思维模式，只看到事物消极的一面。随着悲观情绪不断根深蒂固，他们可能会忽视或淡化积极的想法。因而，最后一步是帮孩子们将消极想法转变为更准确、更乐观的观点。只要有家庭成员做出全面否定的表述（“我总是……”“我从来没有……”“每次……”），另一个成员应该温和地提醒说话者：“看看实际情况！”最终要达到孩子们可以自己提醒自己。这一策略不仅可以帮助孩子们发现自己和他人的悲观情绪，还能帮助他们用更积极、更现实的观点重塑自己。这是帮助孩子们培养乐观心态的关键的最后一步。

孩子：“我在学校从来没有取得过好成绩。”

家长：“看看实际情况！你的历史成绩呢？”

孩子：“我总是被排除在外。”

家长：“看看实际情况！凯文的生日派对呢？你收到邀请了。”

然后帮助孩子用积极的词语代替消极的词语。把“差不多、还没有、更接近、下次、试试”写在图表里，然后提示孩子：“这是你悲观的想法。你可以用图表里的什么词来替换呢？”

差不多：把“我总是不及格”替换为“我差不多做对了”。

还没有：把“我永远学不会”替换为“我还没有学会”。

更接近：把“没希望了”替换为“我更接近目标了”。

下次：把“我太笨了”替换为“下次我会多学习”。

试试：把“我不会成功”替换为“我试试”。

改变习惯很难，所以要留意孩子确实表现出哪怕是一丝乐观情绪的时刻，然后肯定他的乐观态度，并表明你为什么对此非常重视。“排练很难，但你说‘我觉得我表现得越来越好了’，这就是你乐观的表现。坚持下去！”

二、向孩子展示如何维护自己

成长从来都不是一件容易的事，而在当今世界，恃强凌弱和同龄人的压力从未如此强烈。美国男孩女孩俱乐部对 46 000 名青少年进行的一项调查发现，近 40% 的青少年表示，同龄人的压力是他们压力的最主要来源。在美国 12 ~ 18 岁的学生中，有 1/5 称自己在过去 6 个月里遭到过校园欺凌。不能维护自己不仅会使孩子们感到无助，引起他们悲观情绪的恶性循环，还会增加他们的压力、焦虑、抑郁情绪和空虚感。

《教出乐观的孩子》(*The Optimistic Child*) 一书的作者马丁·塞利格曼指出，悲观情绪随着每一次挫折而加剧，而且很快会自我应验。孩子们很担心同伴骚扰，但是当我教他们自信沟通的策略时，他们的悲观情绪似乎消失了，因为他们学会了替代悲观情绪的方法。我们可以从孩提时代起，教孩子们这些关于自信行为的课程，然后一直坚持到孩子们知道如何自信地维护自己，并对世界充满希望，而不是感到无助为止，因为此时他们能更好地掌控自我。自我维护已证明是茁壮成长者应有的特质。

要想帮助孩子学会自我维护，就需要教会孩子英文首字母缩写词 CALM（冷静）中每一项技能，直到他掌握所有的 4 个技能。要向孩子强调，虽然你无法控制他人所说或所做，但你可以控制自己如何做出回应，这需要时间，但通过练习，你的回应能力会得到提升。

C = Chill（保持冷静）。如果孩子不能保持冷静，他人就不会把他当回事。如果孩子很难保持冷静，请回顾自制力那一章中的策略，他可能还需要深呼吸或暂时离开，直到他能够控制自己。告诉孩子，他可以运用这两种方法快速使自己保持冷静和自信：放开交叉的双腿和双臂；声音不要太轻柔（温和），也不要太刺耳（愤怒）。

A = Assert（主张）。如果你总是护着孩子，他就无法培养出内在的自信，而是会依赖你！茁壮成长者要学会自我维护。从此刻起，我们要退后一步，帮孩子学会为自己辩护。

- **培养回应的能力**。集思广益，想出几句孩子在困难时能用来增强自信的句子，如：“（这么做）一点也不酷”“住嘴”“停下”“那样不对”“我不想！”。坚定而简短的表达效果最好。需要强调的是，永远不要用侮辱性话语来回应。

- **说或表示“不”。**胆小的孩子很难说出自己的想法，因此要告诉他说“不”，他也可以不说话，直接用手做出通用的手势来表示“不”。需要强调的是，如果有人让他违背自己的道德准则或家庭的信仰，告诉他直接说“不”或“不，我不想”就可以了。
- **教孩子用“我”来表达。**句子开头用“我”而不是“你”来自信地表达自己的主张有助于孩子紧扣主题，而且不会侮辱他人。这个方法对朋友（而不是骚扰者或欺凌者）最有效。用“我”开始表述，然后说出你的感受、需要或你期望的结果。“我很难过，你抢在了我前面，因为这不公平。”“我希望你不要再取笑我了，因为这会伤害我的感情。”“我希望你不要再抄我的了。”

然后每天留意孩子是否有时能为自己“负责”，并表现出自信。如果孩子胆小，又总是和专横的玩伴一起玩，那么就给他机会，让他找个不那么霸道的玩伴，这样他才更有可能表达自我的观点，并收获自信。

L = Look strong（让自己看起来强大）。大多数情况下，自信沟通的策略与口语用词无关，而是与我们用肢体语言传递的信息有关。如果孩子们看起来很脆弱，如肩膀耷拉着，头低着，膝盖发抖，双手插在口袋里，他们就不会被人们看重。所以要教给他们这些自信的肢体语言。

- 头：站直身体，抬头挺胸。
- 眼睛：抬头挺胸，目光对视。表现出自信的一个简单方法是进行眼神交流，因为把头抬高能使你看起来很自信，因而，一定要看着对方的眼睛。如果孩子不愿意眼神交流，他可以看着对方的前额中部或两眼之间的某个点。
- 肩膀：肩膀下沉，背部挺直。
- 手臂和手：手臂放在身体两侧；手从口袋里拿出来，不要交叉。
- 双脚：双脚站立，间距约 30 厘米。

帮孩子对着镜子练习从头到脚表现自信的姿势。把他"从头到脚看起来很自信"的样子拍下来，这样他可以经常回看；扮演"犹豫"和"自信"的角色，让他看到两者之间的区别，并指出表演者表达"自信"（坚强）和"懦弱"（胆小）的姿势。

M = Mean it（言出必行）。孩子感到害怕或紧张时，说话的语气可能很胆怯或者也可能大声喊叫，而这两种语气都无济于事，因此你需要帮助孩子练习自信的语气，要向他强调，声音可以让他听起来自信或胆怯。先用一种有力而坚定的（不是大喊大叫或愤怒的）声音说“住嘴”，然后再用一种轻柔而温顺的声音小声说一遍。问问孩子：“对方经常听到的是哪种声音？强有力的声音最有效，那我们就来练习吧。”

要确保孩子有机会练习运用不同的声音，而且不会受到霸道的兄弟姐妹（甚至父母）压制。一定要强化孩子在表现自信方面所做的一切努力：“告诉你朋友，为了遵守宵禁规定，你得早点离开，这样做的确很难。我很自豪你能够勇敢地告知他们，而不是遵从大家的安排。”

三、相信未来充满希望

我曾在数十所学校工作过，但在宾夕法尼亚州赫尔希的经历让我难以忘怀。这个小镇是好时之吻巧克力的发源地，优美的田园风光非常适合拍照，甚至路灯的形状也类似亲吻。小镇甚至曾被注册为“地球上最甜蜜的地方”。

该地区聘请我为员工讲讲品德教育。我一般是先在小群体内对学生进行访谈，这些学生来自不同的种族和文化，还有着独特的收入背景，这样我就可以了解他们各自所关注的问题。一旦青少年知道我是来倾听的，而不是来评判的，他们就会敞开心扉。

“是什么让你夜不能寐？”我问他们。

一个又一个的答案接踵而来：“我拿不到奖学金。”“同龄人的压力。”“上大学。”“压力。”

我接着问：“关于这个世界，有什么令你担忧的？”他们坐起身来，斜靠在椅背上，飞快地说出自己的担忧，他们的语速之快，我都有点跟不上。

“全球变暖。”“疫情。”“恐怖主义。”“暴力。”“核战争。”“仇恨。”“枪击事件。”

他们还在继续说着自己的担忧。但是有个青少年的问题让所有人都愣住了。

“你认为我们能活着看到未来吗？”他问道，“我不抱什么希望，我认为我们这一代人都不抱什么希望。”大家都点点头，每个人对生活都有着同样的悲观看法，这和我之前访谈过的数百个学生群体的看法相同。孩子们对世界感到悲观，这使他们很难茁壮成长。虽然我们不能保证孩子们的安全，但我们可以使他们充满希望，你小时候看过的电视里就藏着一种最佳方法。

如果时光能倒流，让我回到记忆中最美好的家庭生活，那就是和我 3 个年幼的儿子一起看电视节目《罗杰斯先生的街坊四邻》（*Mister Rogers' Neighborhood*）了。没有人能像主持人弗雷德·罗杰斯那样，温和、冷静、诚实地对待观众。33 年来，这位深受人们喜爱的电视主持人给我家人和无数人带来了乐观、爱和欢乐。他为人们带来希望。罗杰斯先生总是带着灿烂的笑容、哼着欢快的曲调走上场："今天这一带天气很好，对街坊四邻来说也是美好的一天……"

接着他脱下夹克，挂在壁橱里，拉上开衫毛衣的拉链，把正装鞋换成蓝色运动鞋，然后喂鱼，给孩子再上一堂深刻而简单的人生课。在每一场的结尾，罗杰斯都会唱："知道你还活着，这种感觉真好，你的内心在成长，这种感觉很幸福。"每每看完这个电视节目，我和孩子都做好了应对一切的准备。

在这个紧张不安的时代，我们需要罗杰斯先生这样的乐观态度。每当爆炸、病毒、飓风、恐怖袭击、火灾、仇恨、犯罪、龙卷风或大规模枪击事件发生时，我们都在想"我们该如何告知孩子"。弗雷德·罗杰斯给出了完美的答案：

"我还是个孩子的时候，总是在新闻里看到可怕的事件，我妈妈就对我说：'去找帮手。你总能找到乐于助人的人。'直到今天，特别是在灾难发生的时候，我还记得我妈妈的话，意识到世界上还有那么多乐于助人的人、那么多有爱心的人，我就会感到欣慰。"

"9·11"事件之后，我对自己的孩子也使用了这种方法。"去找帮手。"我告诉他们，他们擦干眼泪，点点头，答应去找帮手。在疫情期间，我们告诉孩子们，急救人员、医生和护士是如何伸出援手来确保他们安全的。运用"弗雷德的方法"可以让孩子们敞开心扉，使他们相信世界是美好的，并使他们重燃希望。

对未来保持乐观的心态，即“杯子是半满的”心态对身心健康至关重要。满怀希望的孩子更快乐，更能满足于生活现状，更愿意去尝试。这些“充满希望的孩子”在学业上更有成就，友谊更加牢固，并表现出更强的创造力和解决问题的能力，他们的抑郁和焦虑水平也更低。我从青少年那里学到了克服悲观主义，保持乐观态度的一些好办法。

- **监管孩子观看新闻。**一个又一个的青少年表示，他们对在没有父母监管下观看可怕的新闻感到担忧。他们还担心，弟弟妹妹比他们在那个年龄更容易上网。持续不断的负面消息会影响孩子的人生观。青少年们的想法如下：“在艰难时期，我把振奋人心的纪录片上传到油管视频网站上。”12 岁的萨拉说道。“我专注于积极的方面：救援人员、伸出援手的邻居、献血者。”13 岁的瑞奇说。（这话听起来像罗杰斯先生说的！）“父母应该把孩子们的智能手机收起来，情况好转后才交给他们。”16 岁的卡拉表示。
- **阅读鼓舞人心的书籍。**“得知别人战胜了艰难时期，我会感觉充满希望。”15 岁的达伦告诉我。科学家认可这一观点，他们还发现，满怀希望的孩子在遇到障碍时会利用过去成功的记忆。

- **听振奋人心的音乐。**来自纽约市的14岁的娜塔莉和我说："我保存了一份歌曲播放列表，列表中都是欢快而鼓舞人心的歌曲。我经常听的是埃尔顿·约翰的《再见，黄砖路》(*Goodbye Yellow Brick Road*)，当我考试考得很好时，我会把音量调大，播放《屹立不倒》(*I'm Still Standing*)。"
- **告诉孩子："一切都会好起来的！"**一个又一个的青少年表示："父母需要一遍又一遍地告诉孩子，'我们会渡过难关的'以及'无论如何我都会爱你，明天又是新的一天'。"15岁的亚当重申了这句话，他说："孩子承受着很大压力，不想让父母失望。要让孩子知道，你爱孩子胜过爱成绩。"要帮助孩子退后一步，顾全大局，这样他才能正确看待事物。
- **设立健康积极的座右铭。**许多孩子告诉我，对自己说乐观的话语有助于克服悲观情绪。"我懂了！""这很困难，但我可以做到。""我能应付。"一些青少年向我展示了自己的智能手机屏幕保护程序，上面显示着他们下载的座右铭。要帮助孩子设立健康积极的座右铭。
- **做志愿活动。**孩子们一致认为，伸出援手有助于传播希望的讯息，点燃乐观情绪。14岁的罗伯塔告诉我："知道自己可以有所作为，这让你感觉很好。"16岁的詹娜补充说道："但要确保助人项目是孩子愿意参加的，而不仅仅是为了让申请大学的简历好看。""告诉父母，让孩子的朋友也参与进来。"17 岁的亚当表示赞同，"我们想和朋友在一起的时间更长些，一起参与志愿活动就是一个很好的方式。"

乐观如何成为孩子的超能力

1960 年 11 月 14 日，6 岁的鲁比·布里奇斯在 4 名联邦法警护送下前往新奥尔良的威廉弗兰茨小学，这所小学的学生全都是白人。作为第一个融入南方小学的非洲裔美国学生，这名一年级学生开创了先例，但这并不容易。每天都有一大群成年人在学校外面等着，在这个小女孩走到前门时，大吐脏话，恐吓她。一位女士总是尖叫着："我要毒死你。我会想到办法的。"

鲁比进入学校后依旧不安全。其他家长坚持认为，她不能和白人孩子在同一个教室上课，因此鲁比和一位支持她的老师芭芭拉·亨利单独度过了这一年。亨利小姐回忆说，鲁比从不抱怨，也从不缺课，她挺胸抬头，心怀乐观。尽管孤独、紧张和敌意笼罩着她，但这个孩子始终保持着乐观的态度，表现出极强的韧性。

她是怎么熬过那漫长而痛苦的一年的？

"我小时候真的相信祈祷能帮我渡过难关。"她回忆道,"母亲从小的教导使我们相信上帝会保护我们。她告诉我们有一种力量,我们可以随时随地祈求帮助。不知何故,总是能奏效。"

像大多数茁壮成长者一样,这个 6 岁的孩子发展了一种应对技能,这种技能帮她控制自我,使她充满希望。因此,在面对那帮愤怒的人之前,这名一年级的学生每天会祈祷两次:"请求上帝原谅这些人。因为即使他们说了坏话,他们也不知道自己在做什么。"

研究发现,有韧性、乐观的人在遇到困难时,往往靠信念或祈祷来支撑自己。茁壮成长者的另一个共同点是,他们身边有关心他们的成年人给他们带来希望。亨利小姐不仅仅是鲁比的老师,更像是她最好的朋友。鲁比解释道:"我知道她关心我。她彬彬有礼,友善待人,令我敬佩。事实上,我开始模仿她。我渐渐爱上了亨利老师。"

还有史密斯夫人,她是鲁比的儿科医生的妻子,她花时间陪鲁比,让她振作起来。周末时,这位女士会把鲁比带回自己家,全家人都很友好,也很支持鲁比。多年后,鲁比回忆道:"我现在确信,去史密斯夫人家做客的那段经历让我看到了生活美好的一面,让我觉得我必须为了自己而做得更好。"

鲁比·布里奇斯从小就表现出了心灵、信念、意志方面的品质,以及自信、正直、同理心、自制力、好奇心、毅力和乐观的品质，这些正是我们在本书中提到的性格优势。这些性格优势再加上支持孩子、关爱孩子的成年人，是帮助孩子茁壮成长的制胜法宝。鲁比·布里奇斯就是明证。

按照年龄培养孩子的乐观精神

目前的时事新闻通常与枪击和暴力有关。如果我们能听到更多关于孩子做好事来改善世界的新闻报道，那将会有所帮助。

——莱纳斯，12 岁，河滨市

10 岁的泰勒·赫伯和伊恩·奥戈曼住在加利福尼亚州的圣马科斯，他们是最好的朋友。因此，当伊恩因癌症住院接受化疗时，泰勒理所当然去看望了他。伊恩告诉泰勒，他担心学校里的孩子们会怎么看他。“接受化疗就会掉头发，”伊恩说，“所有的孩子都会取笑我的。”

泰勒告诉伊恩不要担心，他有个计划。离开医院后，他告诉班上的男孩在当地的理发店见面，以支持他们的同学。就这样，为了支持朋友，13 个五年级的学生排队剃成了光头，俨然是一支“秃头大军”。他们甚至还给自己取名为“秃鹰”。他们的老师也来剃了光头。

“我们剃了光头，因为我们不想让他觉得受冷落了。”同学埃里克·霍尔茨豪勒解释说。他还补充道，“如果医生决定进一步化疗，我们就再剃9周的光头。”

我与世界各地的数百名学生分享了这个故事，每次分享都让人潸然落泪，收获希望。“秃鹰”触动了孩子们的心灵，使他们认识到，自己可以采取行动来帮助受伤的朋友。纽约大学的教授乔纳森·海特认为，当看到人类意想不到的善举时，我们会感受到温暖、振奋的光芒，他称之为“提升”。这样的感觉能激励孩子去帮助他人，发现乐观主义，甚至提高自我。像“秃鹰”这样令人振奋的故事也使孩子们认识到，他们可以掌控自己的命运：他们正在成为乐观主义者！下面的技巧有助于孩子学会看到生活中的美好。

下面的大写英文字母代表每项活动推荐的适合年龄段：Y代表幼童、学步儿童及学前儿童，S代表学龄儿童，T代表10~12岁及以上的青少年，A代表所有年龄段的人。

- **分享好消息。**让孩子寻找日常生活中的善人善举，比如五年级的“秃鹰”，这种振奋人心的故事有助于孩子关注生活中的美好，而不是消极的一面。有位妈妈告诉我，她的家人通过短信互相发送励志故事的链接。她说：这让我的孩子对世界抱有希望。”

将励志文章粘在卡片上，然后放入餐桌上的篮子中以供不时查看。A

制作一个记录好消息的家庭故事剪贴簿，剪贴家人最喜欢的故事。A

在冰箱或公告板上张贴励志文章。S，T

疫情期间，电影制片人约翰·克拉辛斯基开始制作系列网络剧《一些好消息》(*Some Good News*)，该剧通过讲述抗击新冠病毒的片段，展示了人类的韧性和善良。其中一集讲述的是音乐剧《汉密尔顿》(*Hamilton*)的演员为一位年轻女孩表演的故事，这个女孩期待已久的百老汇演出因新冠肺炎疫情取消了。花园城高中（应学生的要求）在学校前厅增设了一个显示器，用来展示鼓舞人心的新闻故事和语录，以减少学生对世界的悲观情绪和恐惧心理。因此，要分享好消息来激发乐观主义。A

- **鼓励善举。**一位妈妈埃米莉·罗偶然间开启了一项善举活动。她 5 岁和 3 岁的孩子以前一上车就吵着向她要薄荷糖。“为了让他们不再争吵，我说这些糖是‘善良薄荷糖’，只有说出当天做过的好事的人才能吃到。”她告诉我，“后来有一天，我 5 岁的孩子跳上车说她今天帮比阿特丽斯打扫卫生了，然后吃了一颗薄荷糖。这些都是她主动做的！分享善举现在已是常规活动了。薄荷糖开启了我

们之间轻松的对话，我们很自然地谈论善举，并相互欣赏。”因此，要通过简单的方式促使孩子谈论生活中的美好。Y，S

- **观看优秀电影。**电影可以升华孩子的心灵，给他们带来希望。年幼的孩子可以看：《快乐的大脚》（*Happy Feet*）、《夏洛特的网》（*Charlotte's Web*）、《彼得的龙》（*Pete's Dragon*）、《小天使》（*Pollyanna*）。大一点的孩子可以看：《妙手情真》（*Patch Adams*）、《当幸福来敲门》（*The Pursuit of Happyness*）、《阿甘正传》（*Forrest Gump*）、《时间的皱折》（*A Wrinkle in Time*）。青少年可以看：《让爱传出去》（*Pay It Forward*）、《弱点》（*The Blind Side*）、《敦刻尔克》（*Dunkirk*）。可以和孩子讨论电影中的人物如何在逆境中表现出乐观主义。A
- **进行转变。**悲观的想法很容易成为一种习惯，并影响孩子对生活的态度。堪萨斯州的一名二年级老师在课堂上利用“拇指向下”的手势帮助学生了解自己的悲观情绪。这个手势的意思是“那是在胡思乱想”。然后，做手势的同学竖起大拇指，提醒同学们说“支持”或做出其他积极的表述。这位老师告诉我：“虽然花了一段时间，但孩子们现在开始注意自己的言语了，并运用更多乐观的表达了。”和你的孩子一起试试吧。Y

- **回顾所做好事。**每晚各自回顾一下自己一天中所做的平凡好事，比如："萨莉让我和她一起玩。""老师说我数学进步了。""我没有把饼干烤焦！"这样度过睡前时光很有意义，还能帮助孩子看到生活中的美好。Y，S
- **善于发现。**鼓励孩子们观察他人所做的好事，成为"善于发现者"，然后让他们在家庭会议、晚餐或睡觉前报告他们观察的结果。"凯文帮一个男孩修理了损坏的自行车。""一位男士帮一位女士把所有打翻的杂货都收拾好了。""有个男孩病了，萨莉就送他去上班。"帮助孩子意识到发现善举可以改善心情。问问孩子："这让你感觉如何？你能从中学到什么？"圣迭戈的一所学校设置了一个"善举罐"，供学生写下在彼此身上发现的善举。校长把最终结果贴在大厅的公告板上供孩子们回看，这样能激励他人做更多的好事。S
- **阅读励志书籍。**为了写这本书，我在威斯康星州科勒市采访了一些青少年，其中有个孩子扭扭捏捏的。我问他怎么了，他回答说："我正在读这本书，爱不释手。"他给我看了他正在读的《所有我们看不见的光》（*All the Light We Cannot See*）。我笑着对他说："去读书吧！"
- **变坏事为好事。**青少年们告诉我，他们心中的英雄是帕克兰高中的学生和瑞典青少年格蕾塔·桑伯格，前者倡导实行枪支管制，后者提高了全球对气候变化的认识。他们说："他们的故事给我们带来希望。"和孩子们分享使世界变得更美好的平凡孩子的故事，并鼓励孩子们自己发现更多这样的故事，然后家人一起进行讨论，以便发现孩子们的担忧，了解他们想如何做出改变。A

- **寻找励志名言。**帮助孩子寻找能激励他发现生活中美好的名言。棕榈泉的一位妈妈告诉我，她的家人把励志名言写在卡片上，放在餐桌上的篮子里。每晚家人在一起吃饭时抽一张卡片并进行讨论。她的两个十几岁的孩子现在用的屏幕保护就是他们最喜欢的名言！ S，T
- **肯定好的想法。**改变很难，试图改变一种习惯性的态度尤其难。因此，要留意孩子表现出乐观情绪的时刻，并给予肯定。"我知道你的数学考试很难。但是你说你的数学会越来越好，这就是你乐观的表现。我相信你会做得更好，因为你一直在努力学习。""我很高兴你说你会努力自己系鞋带。这就是积极向上的表现！"A
- **设置善举盒。**随着灾难事件增多，我们的大脑可能会进入过载模式，并产生一种"无能为力"的无助感。因此，告诉孩子要专注于我们能帮助的少数人或一个人，而不是我们无法帮助的大多数人。"很多人失去了家园，但我们可以将旧书送给这家人。""数百人需要食物，但我们把衣服送给收容所的孩子们。”在你家门口放一个善举盒，鼓励家人把用过的玩具、衣服、书籍和游戏放进盒子里。每次盒子装满时，以一家人的名义送给收容所、教堂、美国红十字会或其他家庭。“我把善举盒送给了一个在火灾中失去家园的男孩。”10 岁的凯文告诉我，“他微笑着说：‘谢谢你。’后来我告诉我妈，我们要继续装满这个盒子！”这就是希望！ S，T

要点总结

1. 在动荡时期仍能保持乐观生活态度的孩子们，他们的父母都为孩子塑造了乐观的榜样。因此，要成为希望孩子效仿的榜样。

2. 毫无来由的悲观心态会侵蚀孩子们心中的希望，使他们走向失败，无法茁壮成长，但乐观主义是可以培养的。

3. 反复出现的暴力画面会加剧焦虑、增强恐惧、减少乐观情绪，因此，在灾难或悲剧事件发生期间，我们必须监管孩子所看的新闻。

4. 父母培养孩子心存感恩，因为他们希望孩子懂得感恩。

5. 每个孩子都会发表负面评论，但当悲观情绪成为孩子的常态时，就得关注了。

最后的话

贝丝·西蒙斯是一位高中老师，她要求学生进行服务式学习，她告诉我，她坚信，正确的方式有助于孩子获得希望、发展乐观的心态，并对生活心存感恩。但有个 15 岁的孩子遇到了困难，他因经常欺负别人而惹上了麻烦，于是在任何情况下他都做最坏的打算："一切都会变糟。这次又会有什么不同？"

贝丝老师知道，她必须证明这个孩子错了才能提升他的乐观情绪，并有望改变他的行为。于是，她派他去辅导 5 岁的诺亚，诺亚在学习字母和数字方面有困难。这位贾斯汀同学得知后却悲观地认为："这行不通，他不会喜欢我。"老师非但不吃他这一套，反而还追问道："你怎么做才能成功？"他们想方设法让他与诺亚建立良好的关系，并做好辅导工作。每次辅导结束后，贾斯汀都会记下辅导诺亚的要点，这样他就可以专注积极而非消极的方面了。

事情并不总是一帆风顺，这位老师知道贾斯汀在生活中的大部分时间都很悲观。她说："我得给他时间。"大约 3 周后，这一刻果然来临了：贾斯汀和诺亚建立了亲密的关系。这位少年第一次以积极的眼光看待自己。"我从来不知道我可以帮助别人。"他告诉老师。他不会再欺负别人了。

最值得注意的是这个5岁的孩子对老师说的话，“我就知道贾斯汀可以做到，”诺亚小声说道，“他只是花了一段时间才弄明白。你知道的，你不能放弃孩子。”

我在《关照他人》一书中讲述了贾斯汀和诺亚的故事，很多读者告诉我，他们很喜欢这个故事，所以我觉得有必要再讲一遍。乐观是帮助孩子茁壮成长的最后一种性格优势。我们要通过相关课程使孩子们充满希望，培养他们乐观的心态，从而使他们成为具有这种性格优势的坚强、独立、有爱心的茁壮成长者。但要做到这一点，我们必须听从诺亚的建议，永远不要放弃孩子！

后 记

本书源于我 40 多年来一直想回答的一个问题。当时我还是个大学生，有一天我去看望父母，发现一向冷静的父亲手里拿着一本杂志在客厅里踱来踱去。看到我，他把杂志举了起来，“杂志里说，1 ~ 3 岁决定了孩子能否成功，别信。”他说，“如果这是真的，我早就死了。”我听不懂他在说什么。祖父母在我出生前就去世了，所以我从未见过他们，也没听说过父亲的童年生活。那天，父亲终于吐露了他早年的生活，我也明白了为什么他对那篇文章如此失望。

一个多世纪前，我的祖父母为了寻求更好的生活从意大利来到美国，他们不会说英语，身无分文，目不识丁。祖父设法找了份体力活，却在父亲 2 岁时死于西班牙大流感。祖母被迫把父亲送进孤儿院待了几年，后来她想方设法养活父亲。父亲过着贫困的生活，但他克服了困难，获得了大学奖学金，挺过了大萧条时期，拿到了加州大学伯克利分校和斯坦福大学的学位，参加了第二次世界大战，当上了学校督学，出书、结婚，成了一位慈爱的父亲，活到了 100 岁。

简而言之，父亲是一个“有生命力的人”。他是如何做到的？

我继续询问父亲的童年生活，慢慢地找到了答案。我了解到，父亲身边不仅有一位慈爱的母亲，还有社区里关心他的成年人，他们帮助父亲学习了我现在所称的 7 种性格优势，这些性格优势帮助他战胜了逆境，度过了人生中令人不安的早期岁月。

孤儿院一位有爱心的修女让他有了安全感和归属感，培养了他的同情心。

有位图书管理员送给他一些有助于英语学习的书，点燃了他的好奇心。

有位老师认可他的写作优势，并指导他写作，使他建立了自信心；此外，这位老师还向他展示了完成新任务时自制力的力量。

有位牧师教他祈祷，使他即使在最黑暗的日子里也充满希望，保持乐观。

有位邻居给他找了份工作，使他养成了毅力和正直的品质。

在我接下来的 40 年职业生涯中，我努力寻求这个问题的答案：为什么有些孩子苦苦挣扎而有些孩子却能脱颖而出？为了找到这个问题的答案，我走进了教室，走进了学术界，与世界各地的家庭进行对话。一路走来，我学到了很多……当然，我没有意识到我的第一任老师——我的父亲——自己就有那么多的答案。毕竟，他和那些体贴他、指导他的杰出人士一起经历过。

这些杰出人士确定了他的核心优势，教给他关键的性格优势，这使他在性格方面优于他人。虽然每个特质都很重要，但当父亲把这些特质结合起来使用时，它们的影响就会显著增加：

自信 + 毅力

好奇心 + 自制力

正直 + 同理心 + 乐观

正是这种乘数效应，由一群有爱心的成年人所培养的性格优势发挥的综合作用，使我父亲能够克服困难，茁壮成长。

茁壮成长者所运用的（而奋斗者所缺乏的）就是这种乘数效应。培养这些性格优势需要有同理心的成年人有目的地付出努力，他们知道“性格优势”不是可选的，而是必不可少的特质。孩子们在 21 世纪初所面临的挑战与我父亲在 20 世纪初所面临的挑战大不相同。但无论生活中遇到什么困难，茁壮成长者都能运用这些相同的性格优势，增强自身韧性，做好准备应对不确定的未来，克服逆境，最终取得胜利，成为自己命运的主人。

让孩子拥有生命力的 7 种基本性格优势		
性格优势描述	培养的能力	成效
培育关爱之心		
1. 自信：具有积极健康的身份认同和自我意识，利用个人优势建立自信，发现生活目标和意义。		
	自我意识 优势意识 发现目标	健康的自我意识 积极的自我认同 服务与意义
2. 同理心：能理解和分担他人的感受，与他人建立关系，做事富有同情心，发展健康的人际关系，鼓励公平和社会正义。		
	情感素养 换位思考 共情关怀	理解和分享情感 理解他人观点 做事富有同情心
发展强大的心智		
3. 自制力：能管理压力和强烈的情绪，延迟自我满足，持续表示关注以培养心智力量，改善心理健康。		
	注意力集中 自我管理 正确决策	延迟满足 应对与监管 自律 / 心智力量
4. 正直：重视并坚持强有力的道德准则和价值观、道德观念，践行诚信，过上合乎道德规范的美好生活。		
	道德意识 道德认同 道德观念	注重美德 坚定的道德准则 道德决策
5. 好奇心：对新体验和新思路持开放态度，愿意尝试新的想法，敢于冒险去学习、创新，拓展创新视野。		
	好奇的心态 创造性地解决问题 发散性思维	创造力 开发备选方案 创新

（续表）

让孩子拥有生命力的 7 种基本性格优势		
性格优势描述	培养的能力	成效
培养坚定的意志		
6. 毅力：表现出刚毅、坚韧和忍耐的决心，从而从失败中振作起来，提高抗压力，发展个人能力。		
	成长型心态 设定目标 从失败中学习	决心与动力 自我掌控及能动性 自给自足
7. 乐观：表现出积极向上和感恩的心态，学会自我主张，控制不切实际的悲观情绪，减少沮丧，激发满怀希望的人生态度，相信生命是有意义的。		
	乐观心态 自信沟通 充满希望	积极的态度 自我主张 充满希望的人生观

本书讨论指南

成立《茁壮成长》读书会并推动其发展

- 找到有兴趣成立读书会来讨论《茁壮成长》的家长或教育工作者。
- 确定读书会的具体日期、时间、地点和频率。可以通过不同的方法来划分讨论内容，这里有三种方法供大家选择，但要根据读书会成员的意见和需求来确定读书会的总次数。1. 组织 7 次读书会，每月讨论一章的内容。大多数读书会每月讨论一次。2. 常规读书会：共组织一次读书会，会上探讨参与者认为最有价值的话题。3. 一次读书会讨论两章，共组织 4 次读书会。也可以把《茁壮成长》分成 4 个部分，第一次读书会上讨论引言和第一章，然后在另外三次读书会上每次讨论两章。

- 指定一个讨论负责人或读书会成员轮流担任讨论负责人。
- 利用下面提供的问题来推动讨论进行。有些读书会要求每位参与者每次读书会要提出一个问题。关键是要使读书会对参与者有意义。

读书会讨论的问题

1. 你个人或你们读书会为什么选择阅读《茁壮成长》？在你开始阅读前，你对韧性和茁壮成长有什么先入之见？在阅读本书时，你的哪些观点受到了挑战或发生了改变？

2. 与你的父母抚养你的时候相比，你觉得如今培养茁壮成长的孩子是更容易、没有什么不同，还是更难？为什么？

3. 很多人认为现在的孩子有心理健康问题，你认为呢？你对现在的孩子还有什么担忧（如果有的话）？什么因素可能会阻碍孩子发展自己茁壮成长的能力？

4. 本书分享了作者采访过的孩子们的语录。是否有哪句语录引起了你的关注或共鸣？如果有的话，是哪句，为什么？

5. 本书的一个主题是茁壮成长的能力是后天培养的，父母对孩子能否茁壮成长产生重大影响。你认为父母实际上有多大影响？你的父母是如何影响你的性格发展的？你认为父母是在你几岁时开始对你没有影响的？你认为父母还会再次影响孩子吗？如果会的话，是在孩子几岁时？对孩子的性格和茁壮成长影响最大的因素是同伴、媒体、教育、父母、流行文化，还是其他？

6. 本书描述了达到最佳表现和茁壮成长必不可少的 7 种性格优势。你认为对现在的孩子来说最重要的品质是什么？你认为哪一个品质最难培养？在家里，你最重视哪一个品质？最不重视哪一个品质？你更想重视哪一个品质？你怎么才能帮助孩子获得这一品质？如果按照对孩子茁壮成长的重要性给这 7 种性格优势排序的话，你会怎么排序？为什么？

7.《茁壮成长》指出，性格优势是可以培养的。你赞同这一观点吗？你认为 7 种性格优势中，哪一种更难教给如今的孩子？为什么？

8. 本书强调，孩子学习性格优势的最佳方法之一就是效仿我们。孩子会如何描述你的行为？七种性格优势中，哪一种最能体现你的性格？你想在自己身上增强哪一种性格优势，为此你会怎么做？

9. 你希望孩子成为什么样的人？你如何帮助孩子成为那样的人？

10. 本书强调，性格缺失的一个原因在于我们痴迷于成绩、分数和排名。你赞同这一观点吗？如果你问孩子什么对你最重要，他的性格还是他的成绩，你认为（或希望）他会如何回答？

11. 第一种性格优势是自信，自信源于孩子对自己、自己的优势和兴趣的认知。你怎样向别人形容自己的孩子？孩子又是怎样描述自己的？你认为孩子有哪些优势或兴趣可以帮他获得准确的自我认知？在核心优势调查中，你认为他的核心优势是什么？你怎样帮助孩子发展这些优势和优点？

12. 本书强调，同理心是孩子与生俱来的，但如果不有意加以培养，孩子就不会表露这一特质。事实上，研究表明，青少年的同理心在 30 年里下降了 40%。是什么外部因素阻碍了这第二种性格优势的发展？你怎样来增强孩子的同理心？你怎样才能进一步增强这一关键品质？

13. 你记得童年时的哪些谚语、箴言或经历帮你明确了自己的价值观？你如何将自己的道德观念传递给孩子来帮她培养正直的品质？最近你和孩子做了什么来强化你的道德观念，让她认为自己是一个有道德的人？

14. 在你成长的过程中，家人是如何管教你的？家教影响你的正直品质或自制力吗？你管教孩子最常用的方法是什么？这个方法在提高她的是非观念，使她愿意坚持这些价值观方面有效吗？

15. 研究表明，自制力比成绩或智商更能预示成年后的财富、健康和幸福。你是否赞同这一观点？为什么？现在的孩子会被培养成有自制力的人吗？你是否注意到儿童（和成年人）的自制力发生了变化？如果是的话，你认为自制力增强的原因是什么？你的孩子控制情绪的能力如何？本书介绍了几种培养孩子自制力方法（如正念、瑜伽、冥想和压力管理）。你对这些方法感兴趣吗？你有方法和其他家长一起（组成游戏组、参加童子军、集体玩耍）教孩子缓解压力和锻炼自制力吗？

16. 在毅力那一章，我们强调父母需要赞赏孩子付出的努力，而不是成绩或最终结果。你一般怎样表扬孩子？你认为培养成长型思维模式有帮助吗？读了卡罗尔·德伟克就思维模式对毅力产生影响的研究后，你是否会改变自己的表扬方式或是改变自己帮助孩子应对错误或失败的方式？如果要改变的话，你会如何做？

17. 有一个乐观的孩子对你来说有多重要？你认为疫情、种族不平等、气候变化或校园枪击事件等会对孩子的看法产生什么影响？你觉得培养一个对世界充满希望和持乐观态度的孩子很难吗？你和社区可以怎样帮助孩子看到世界的“美好”？

18. 你希望留给孩子的最好的精神财富是什么？你怎样做才能确保孩子继承这笔精神财富呢？